职业院校机电类"十三五"
微课版规划教材

公差配合与测量技术

第2版 | 附微课视频

娄琳 / 主编 // 赵丽玮 马建民 杨玉霞 / 副主编

张景耀 高荣林 / 主审

U0233654

人民邮电出版社

北 京

图书在版编目（ＣＩＰ）数据

公差配合与测量技术：附微课视频 / 娄琳主编. --
2版. -- 北京 ：人民邮电出版社，2018.2（2024.7重印）
职业院校机电类"十三五"微课版规划教材
ISBN 978-7-115-47393-6

Ⅰ. ①公… Ⅱ. ①娄… Ⅲ. ①公差－配合－职业教育
－教材②技术测量－职业教育－教材 Ⅳ. ①TG801

中国版本图书馆CIP数据核字(2017)第295393号

内 容 提 要

　　本书按照高等职业教育的培养目标和教学特点，从应用角度出发，依据最新国家标准，以光滑圆柱体的公差与配合为基础，阐述了各种零件公差与配合的特点及实际应用，介绍了测量技术的基本知识及误差检测的原则与方法。本书在编写过程中，力求用浅显易懂的方式阐明基本概念和原理，同时突出实用性，尽量做到重点突出。本书各章均设有适量的习题，以培养学生的实际应用能力。

　　本书可作为高职高专、高级技师学院机械类及机电类专业的教材，也可供从事机械设计与制造的工程技术人员参考。

◆ 主　　编　娄　琳
　　副 主 编　赵丽玮　马建民　杨玉霞
　　主　　审　张景耀　高荣林

　　责任编辑　王丽美
　　责任印制　马振武

◆ 人民邮电出版社出版发行　　北京市丰台区成寿寺路11号
　　邮编 100164　电子邮件 315@ptpress.com.cn
　　网址 http://www.ptpress.com.cn
　　固安县铭成印刷有限公司印刷

◆ 开本：787×1092　1/16
　　印张：9.75　　　　　　　　2018 年 2 月第 2 版
　　字数：242 千字　　　　　　2024 年 7 月河北第 10 次印刷

定价：29.80 元

读者服务热线：(010)81055256　印装质量热线：(010)81055316
反盗版热线：(010)81055315
广告经营许可证：京东市监广登字20170147号

前　言

"公差配合与测量技术"与机械设计、机械制造、质量控制、生产组织管理等许多领域密切相关,是机械工程技术人员和管理人员必须掌握的基本知识和技能。

编者于2009年编写的《公差配合与测量技术》一书自出版以来,受到了众多高职高专院校的欢迎。为了更好地满足广大高职高专院校的学生对测量技术知识学习的需要,编者在前期使用的基础上,结合学生知识水平、实际教学需求和企业生产需求,对前一版进行了修订。本次修订通过理论与实践的结合,使学生熟悉公差与配合的标准及选用,掌握通用量具的测量技能,培养学生零件测量和产品检测的专业技能。本次修订主要体现在以下几方面。

- 对本书第1版中部分内容存在的一些问题进行了校正和修改。
- 根据最新国家标准,对书中内容进行了更新。
- 删减了部分理论性较强的内容,增加实际操作部分。
- 增加视频教学内容,学生用手机等移动终端设备扫描书中二维码可进行自学和复习。

全书共分为9章,按照学生认知规律,每个章节的内容均以技能训练和实际应用为主线,力求做到内容精炼规范、知识面适当拓宽、使用更加方便灵活。书中带*号的内容,各学校可根据课时安排及需要进行选讲。

章　序	章　名	讲　课	实　验	合　计
—	绪论	1	—	1
1	极限、配合与检测	4	1	5
2	几何公差及其检测	5	1	6
3	表面粗糙度及评定	2	—	2
4	测量技术基础	3	1	4
5	量块与量规	2	—	2
6	键与花键的公差配合与检测	2	—	2
7	普通螺纹的公差及检测	3	1	4
8	滚动轴承的公差与配合	2	—	2
9	直齿圆柱齿轮的公差配合与检测	2	—	2
合　计		26	4	30

本书由娄琳任主编,赵丽玮、马建民、杨玉霞任副主编,张景耀和高荣林任主审。其中第3章、第5章、第6章由漯河职业技术学院娄琳编写,第2章、第4章由沈阳理工大学赵丽玮编写,第7章、第8章由许昌职业技术学院马建民编写,第1章由济源职业技术学院杨玉霞编写,绪论和第9章由吉林工业职业技术学院王茂辉编写。漯河职业技术学院数控实训中心的王海江和曾庆华参加了本书的资料整理工作,在此表示衷心的感谢!

编者

2017年9月

目 录

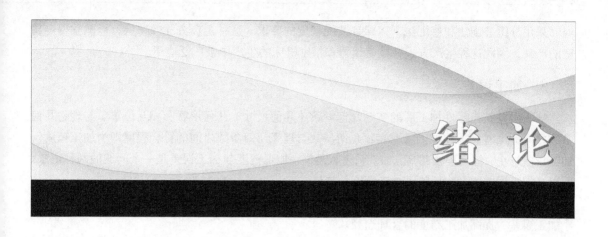

绪　论

"公差配合与测量技术"是机械类各专业的一门专业基础课程。它比较全面地讲述了机械加工中有关尺寸公差、形状公差、位置公差和表面粗糙度等技术要求以及有关各种测量技术的基础知识。

1. 互换性及其意义

互换性是指同一规格的同一批零部件，任取其一，不需要任何挑选和修配就能装在机器上，并能满足使用要求。也就是说，零部件所具有的不经任何挑选和修配便能在同一规格范围内互相替换使用的特性即为互换性。在日常生活中有不少这样的例子，如自行车或电视机的某个零件损坏之后，买个相同规格的零件，装好后就能照常使用。

互换性在制造业中具有以下几方面的意义。

（1）在设计方面，零部件具有互换性，就可以最大限度地采用标准件、通用件，大大简化了绘图和计算工作，缩短了设计周期，有利于计算机辅助设计和产品品种的多样化。

（2）在制造方面，有利于组织专业化生产，有利于采用先进的工艺和高效率的专用设备，有利于计算机辅助制造和实现加工过程及装配过程的自动化、机械化，提高劳动生产率和产品质量，降低生产成本。

（3）在使用和维修方面，具有互换性的零部件，在磨损及损坏后可及时更换，因而减少了机器的维修时间和费用，保证了机器的连续运转，提高了机器的使用价值。

2. 互换性的分类

互换性按互换程度可分为完全互换性和不完全互换性。完全互换性是指对同一规格的零件，不加挑选和修配就能满足使用要求的互换性。不完全互换性是指同一规格的零件在装配时，需要进行挑选或调整才能满足使用要求的互换性。

完全互换性多用于大量、成批生产的标准零件，如齿轮、滚动轴承、普通紧固螺纹制件等。这种生产方式效率高，也有利于各生产单位和部门之间的协作。

不完全互换性多用于生产批量小和要求精度高的零件。当装配精度要求很高时，每个零件的精度要求也相对较高，这样会给零件的制造带来一定的困难。为了解决这一矛盾，在生产中

认识互换性

经常采用分组装配法和修配法，以保证装配精度的要求。这种生产方式效率低，但能获得高精度的产品，因此这种生产方式在精密仪器和精密机床的生产中被广泛应用。

3. 加工误差

加工误差是指零件加工后的实际几何参数（几何尺寸、几何形状和相互位置）与理想几何参数之间的偏差。零件加工后，实际几何参数与理想几何参数之间的符合程度即为加工精度。加工误差越小，符合程度越高，加工精度就越高。加工精度与加工误差是一个问题的两种说法。所以，加工误差的大小反映了加工精度的高低。

研究加工误差的目的，就是要分析影响加工误差的各种因素及其存在的规律，从而找出减小加工误差、提高加工精度的合理途径。

零件的机械加工是在由机床、刀具、夹具和工件组成的工艺系统内完成的。零件加工表面的几何尺寸、几何形状和加工表面之间的相互位置关系，取决于工艺系统间的相对运动关系。工件和刀具分别安装在机床和刀架上，在机床的带动下实现运动，并受机床和刀具的约束。因此，工艺系统中各种误差就会以不同的程度和方式反映为零件的加工误差。在完成任意一个加工过程中，由于工艺系统各种原始误差的存在，如机床、夹具、刀具的制造误差及磨损，工件的装夹误差、测量误差，工艺系统的调整误差及加工中的各种力和热所引起的误差等，使工艺系统间正确的几何关系遭到破坏而产生了加工误差。

4. 公差

允许零件几何参数的变化量称为公差，工件的误差只要在公差范围内，就为合格件；超出公差范围就为不合格件。误差是在加工过程中产生的，而公差是设计人员给定的。设计者的任务就在于正确地确定公差，并把它在图样上明确地表示出来，即互换性要用公差来保证。显然在满足功能要求的前提下，公差应尽量规定得大些，以获得最佳的技术经济效益。

5. 检测

完工后的零件是否满足公差要求，要通过检测加以判断。检测包括检验与测量。几何量的检验是指确定零件的几何参数是否在规定的极限范围内，并做出合格性判断，而不必得出被测量的具体数值；测量是将被测量与作为计量单位的标准量进行比较，以确定被测量的具体数值的过程。检测不仅用来评定产品质量，而且用于分析产生不合格品的原因，从而及时调整生产，监督工艺过程，预防废品产生。检测是机械制造的眼睛，产品质量的提高，除设计和加工精度的提高外，往往更有赖于检测精度的提高。

6. 标准化

制定公差标准及设计零件的结构参数时，都需要通过数值表示。任何产品的参数值不仅与自身的技术特性有关，还直接、间接地影响与其配套系列产品的参数值。例如，螺母的直径数值，影响并决定螺钉的直径数值及丝锥、螺纹塞规、钻头等系列产品的直径数值。由于参数值间的关联产生的扩散称为数值扩散。

为满足不同的需求，产品必然会出现不同的规格，形成系列产品。产品数值的杂乱无章会给组织生产、协作配套、使用维修带来困难。所以，需要对数值进行标准化。

标准的范围很广，涉及人们生活的各个方面。按照针对的对象，标准可以分为基础标准、产品标准、方法标准和安全与环境保护标准等。人们讨论的制造精度标准属于基础标准。

标准化是制定、贯彻标准的过程。标准化的工作过程如图 0-1 所示。

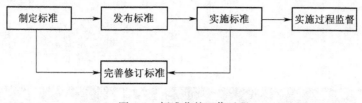

图 0-1　标准化的工作过程

7. 本课程的研究对象及任务

本课程是工科机械类专业的一门重要技术基础课程，上承机械制图、机械设计基础等课程，下启机械制造技术、制造工艺、夹具等课程，对工程识图、领会产品设计理念、确定零件加工制造方法和保证产品制造质量尤为重要。本课程由几何量公差与几何量检测两部分组成。前一部分的内容主要通过课堂教学和课外作业来完成，后一部分的内容主要通过实验课来完成。

学生在学完本课程后应达到以下要求。

（1）掌握标准化和互换性的基本概念及有关的基本术语和定义。

（2）基本掌握本课程中几何量公差标准的主要内容、特点和应用原则。

（3）初步学会根据机器和零件的功能要求，识读零件的几何量公差与配合。

（4）能够查用本课程介绍的公差表格，正确识读各种图样。

（5）掌握常用测量仪器的使用方法，能对典型零件的几何参数进行简单测量。

（6）了解常用量规的设计原理。

练习与思考

（1）什么是互换性？互换性的优越性有哪些？

（2）互换性的分类有哪些？完全互换性和不完全互换性有什么不同？

（3）误差、公差、检测、标准化与互换性有什么关系？

（4）什么是标准和标准化？

第1章

极限、配合与检测

现代化的机械工业，要求机械零件具有互换性。为了使零件具有互换性，必须保证零件的尺寸、几何形状和相互位置以及表面粗糙度等的一致性。既要保证互相结合的尺寸之间形成一定的关系，以满足不同的使用要求，又要在制造上经济合理，因此就形成了"极限与配合"的概念。

极限与配合是机械工程方面的基础标准，它不仅用于圆柱体外表面的结合，也用于其他结合中由单一尺寸确定的部分，如键结合中键宽与槽宽，花键结合中的外径、内径及键齿宽与键槽宽等。

尺寸公差与配合的标准化是一项综合性的技术基础工作，是推行科学管理，推动企业技术进步和提高企业管理水平的重要手段。由于科学技术飞速发展，产品制造精度不断提高，国际技术交流日益扩大，为适应新形势的需要，使公差与配合的国家标准能更好地与国际标准接轨，我国先后对 1979 年颁布的公差与配合国家标准进行了较大幅度的修订。2009 年，根据新的要求，我国又制定了新的有关标准。新标准简称《极限与配合》。它主要由以下标准组成：

GB/T 1800.1—2009《产品几何技术规范（GPS） 极限与配合 第 1 部分：公差、偏差和配合的基础》；

GB/T 1800.2—2009《产品几何技术规范（GPS） 极限与配合 第 2 部分：标准公差等级和孔、轴极限偏差表》；

GB/T 1801—2009《产品几何技术规范（GPS） 极限与配合 公差带和配合的选择》。

1.1 极限与配合的基本概念

1.1.1 孔和轴

孔是指零件的圆柱形内表面，也包括其他形式的内表面。孔径用大写字母 D 表示。

轴是指零件的圆柱形外表面，也包括其他形式的外表面。轴径用小写字母 d 表示。

从装配关系来看，孔是包容面，轴是被包容面，如图 1-1 所示。从加工过程来看，随着余量的切除，孔的尺寸由小变大，轴的尺寸由大变小。被加工出来的孔和轴装配在一起叫作孔和轴的配合。

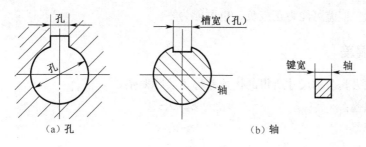

图 1-1　孔和轴

1.1.2　有关尺寸的术语

尺寸是用特定单位表示线形几何量大小的数值。机械加工中一般常用 mm 作为特定单位，在图样上标注尺寸时可将单位省略，只标注数值。当以其他单位标注时，则应注明相应的尺寸单位。

1.　公称尺寸（D，d）

公称尺寸是由设计给定的。孔的公称尺寸用 D 表示，轴的公称尺寸用 d 表示。公称尺寸是设计时根据零件使用要求，通过对刚度、强度计算及结构工艺等方面的考虑，并按标准值圆整后确定下来的尺寸，如图 1-2 中 D（d）所示。

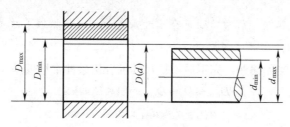

图 1-2　公称尺寸与极限尺寸

2.　实际尺寸（D_a，d_a）

实际尺寸是加工后通过测量所得的尺寸。孔的实际尺寸以 D_a 表示，轴的实际尺寸以 d_a 表示。由于存在误差，所以实际尺寸并非尺寸的真值。同时零件同一表面不同部位的实际尺寸也往往不等，称为局部实际尺寸。

3.　极限尺寸（D_{max}，d_{max}，D_{min}，d_{min}）

极限尺寸是允许尺寸变化的两个界限值。两个极限尺寸中较大的一个称为上极限尺寸（D_{max}，d_{max}），较小的一个称为下极限尺寸（D_{min}，d_{min}），如图 1-2 所示。

1.1.3　尺寸偏差与公差

1.　尺寸偏差

某一尺寸减去其公称尺寸所得的代数差称为尺寸偏差（简称偏差），孔和轴的偏差分别用字

母 E 和 e 来表示。偏差可能为正或负，也可能为零。

2. 实际偏差

实际尺寸减去其公称尺寸所得的代数差称为实际偏差。

孔的实际偏差：$\qquad\qquad E_a=D_a-D$

轴的实际偏差：$\qquad\qquad e_a=d_a-d \qquad\qquad$ （1-1）

3. 极限偏差

极限尺寸减去其公称尺寸所得的代数差，称为极限偏差。

（1）上极限偏差。上极限尺寸减去其公称尺寸所得的代数差称为上极限偏差。孔的上极限偏差用 ES 表示；轴的上极限偏差用 es 表示。

（2）下极限偏差。下极限尺寸减去其公称尺寸所得的代数差称为下极限偏差。孔的下极限偏差用 EI 表示；轴的下极限偏差用 ei 表示。

极限偏差计算公式如下。

$$ES=D_{max}-D；\quad es=d_{max}-d$$
$$EI=D_{min}-D；\quad ei=d_{min}-d \qquad\qquad （1-2）$$

偏差值除零外，前面必须标有正号或负号。上极限偏差总是大于下极限偏差。

极限偏差用于控制实际偏差。完工后零件尺寸的合格条件常用偏差关系表示如下。

孔合格的条件：$\qquad\qquad D_{min}\leqslant D_a\leqslant D_{max}；\quad EI\leqslant E_a\leqslant ES$

轴合格的条件：$\qquad\qquad d_{min}\leqslant d_a\leqslant d_{max}；\quad ei\leqslant e_a\leqslant es$

4. 尺寸公差（T_h，T_s）

允许尺寸的变动量称为尺寸公差，简称公差。它是上极限偏差与下极限偏差代数差的绝对值。孔的公差用 T_h 表示；轴的公差用 T_s 表示。公差与配合的示意图，如图 1-3 所示。

公差是用来限制误差的，工件的误差在公差范围内即为合格；反之，则为不合格。

公差的计算公式如下。

孔公差：$\qquad\qquad T_h=D_{max}-D_{min}=ES-EI$

轴公差：$\qquad\qquad T_s=d_{max}-d_{min}=es-ei \qquad\qquad$ （1-3）

公差与偏差是有区别的，公差的大小决定了尺寸变动范围的大小。公差值大，则允许变动的范围大，因而要求的加工精度低；相反，公差值小，则允许的变动范围小，因而要求的加工精度高。极限偏差表示每个零件尺寸允许变动的极限范围，是判断零件是否合格的依据。从作用上看，公差影响配合的精度；极限偏差用于控制实际偏差，影响配合的松紧程度。

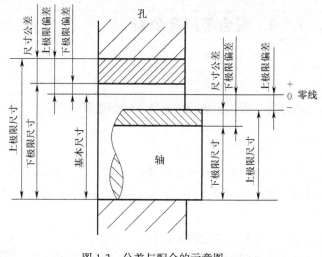

尺寸偏差与公差

图1-3　公差与配合的示意图

1.1.4　公差带图

从图 1-3 中可见，公差的数值比公称尺寸的数值小很多，不能用同一比例绘制在同一张图样上，所以采用简明的极限与配合图解来表示，这种图解就叫作公差带图，如图 1-4 所示。

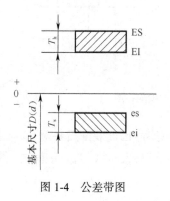

认识公差带图

图1-4　公差带图

1. 零线

在公差带图中，确定极限偏差的一条基准直线称为零线。零线表示公称尺寸，是偏差的起始线，零线上方表示正偏差；零线下方表示负偏差。

2. 公差带

在公差带图中，由代表上极限偏差和下极限偏差或上极限尺寸和下极限尺寸的两条直线所限定的一个区域，称为尺寸公差带。公差带的大小由尺寸公差确定（此值由标准公差确定）；公差带的位置由极限偏差（上极限偏差或下极限偏差）相对于零线的位置确定。大小相同而位置不同的公差带，其精度要求是相同的。

1.1.5　配合与配合公差

1．配合

配合是指公称尺寸相同的、相互结合的孔和轴的公差带之间的关系。

2．配合的种类

在一批轴与孔的配合中，孔的尺寸减去轴的尺寸所得的代数差，当差值为正时称为间隙，用 X 表示；当差值为负时称为过盈，用 Y 表示。此外，孔和轴的配合还存在既有间隙又有过盈的情况，即为过渡。

标准规定：配合分为间隙配合、过盈配合和过渡配合。

（1）间隙配合。具有间隙（包括最小间隙等于零）的配合称为间隙配合。在间隙配合中，孔的公差带在轴的公差带之上，如图 1-5 所示。因为孔与轴的尺寸都有公差，所以，配合后的间隙也一定会在一定范围内变动，即存在着配合公差。

配合与配合公差

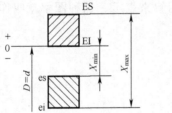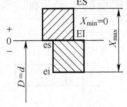

图 1-5　间隙配合图

由于孔和轴的实际尺寸在各自的公差带内变动，因此装配后各对孔、轴间的间隙是变动的。当孔为上极限尺寸，轴为下极限尺寸时，装配后得到最大间隙（X_{max}）；反之，得到最小间隙（X_{min}）。最大间隙和最小间隙的计算公式如下。

最大间隙：
$$X_{max}=D_{max}-d_{min}=ES-ei$$

最小间隙：
$$X_{min}=D_{min}-d_{max}=EI-es \tag{1-4}$$

间隙配合的平均松紧程度可用平均间隙（X_{av}）描述，它是最大间隙与最小间隙的平均值。

平均间隙：
$$X_{av}=1/2\left(X_{max}+X_{min}\right) \tag{1-5}$$

（2）过盈配合。具有过盈（包括最小过盈等于零）的配合称为过盈配合。在过盈配合中，孔的公差带完全在轴的公差带之下，如图 1-6 所示。

当孔为上极限尺寸，轴为下极限尺寸时，装配后得到下过盈（Y_{min}）；当孔为下极限尺寸，轴为上极限尺寸时，装配后得到最大过盈（Y_{max}），即

最大过盈：
$$Y_{max}=D_{min}-d_{max}=EI-es$$

最小过盈：
$$Y_{min}=D_{max}-d_{min}=ES-ei \tag{1-6}$$

平均过盈：
$$Y_{av}=1/2\left(Y_{max}+Y_{min}\right)$$

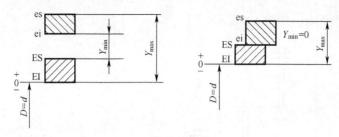

图 1-6　过盈配合图

（3）过渡配合。过渡配合指可能具有间隙或过盈的配合，此时孔的公差带与轴的公差带相互交叠。一般来讲，过渡配合的工件精度都较高。过渡配合中，各对孔、轴间的间隙或过盈也是变化的。当孔为上极限尺寸，轴为下极限尺寸时，装配后得到最大间隙；当孔为下极限尺寸，轴为上极限尺寸时，装配后得到最大过盈，如图 1-7 所示。

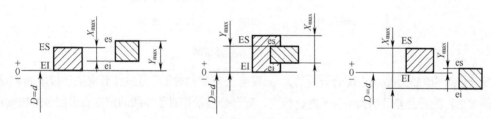

图 1-7　过渡配合图

最大间隙：

$$X_{max} = D_{max} - d_{min} = ES - ei$$

最大过盈：

$$Y_{max} = D_{min} - d_{max} = EI - es \qquad (1-7)$$

在过渡配合中，平均间隙或平均过盈为最大间隙与最大过盈的平均值，所得值为正则为平均间隙，为负则为平均过盈，它们反映了过渡配合的松紧程度。

$$X_{av}(Y_{av}) = 1/2(X_{max} + Y_{max}) \qquad (1-8)$$

3. 配合公差

允许间隙或过盈的变动量称为配合公差。配合公差用 T_f 表示，是一个没有符号的绝对值。T_f 表示了配合松紧程度的变化程度，即配合精度。配合精度（配合公差）取决于配合的孔和轴的尺寸精度（尺寸公差）。

计算公式如下。

对间隙配合：

$$T_f = X_{max} - X_{min}$$

对过盈配合：

$$T_f = Y_{min} - Y_{max} \qquad (1-9)$$

对过渡配合：

$$T_f = X_{max} - Y_{max}$$

3 种配合的配合公差也可为

$$T_f = T_h + T_s \qquad (1-10)$$

说明　　配合件的装配精度与零件的加工精度有关，若要提高加工精度，使装配后间隙或过盈的变化范围小，则应减小零件的公差，即需要提高零件的加工精度。

在配合公差带图中，零线以上的为正值，零线以下的为负值；正值代表间隙，负值代表过盈；配合公差带完全处于零线以上为间隙配合，完全处于零线以下为过盈配合；当公差带跨在零线两侧时则为过渡配合，如图 1-8 所示。

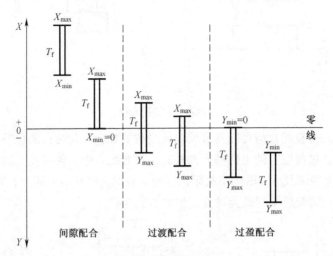

图 1-8　配合公差带图

　　配合公差带的大小取决于配合公差的大小，配合公差带相对于零线的位置取决于极限间隙或极限过盈的大小。配合公差带的大小表示配合精度，配合公差带相对于零线的位置表示配合的松紧程度。

1.2 尺寸公差与配合标准

　　公差带的大小是零件加工时对误差值的规定，公差带的位置是对装配时配合松紧程度的规定。国家标准 GB/T 1800.1—2009 对形成各种配合的公差带进行了标准化。公差带的大小称为标准公差，公差带的位置称为基本偏差。

1.2.1　标准公差系列（公差带大小）

1. 标准公差等级

　　标准公差是国家标准中规定的用以确定公差带大小的标准公差数值，用代号 IT（ISO Tolerance）表示。

　　标准公差的大小反映了零件精度的高低，根据应用场合不同分为 20 个精度等级：IT01，IT0，IT1，IT2，IT3，IT4，IT5，…，IT12，…，IT18。

　　IT01 精度最高，其余依次降低，标准公差值依次增大。

2. 标准公差数值

　　在生产实际中，不同精度等级范围内对公差数值的影响因素较为复杂，为方便使用，经过大量的实验、实践并通过统计分析，总结出了标准公差数值表，如表 1-1 所示。

表 1-1　　　　　　　　　标准公差数值表（摘自 GB/T 1800.1—2009）

公称尺寸/mm		标准公差等级																	
大于	至	IT1	IT2	IT3	IT4	IT5	IT6	IT7	IT8	IT9	IT10	IT11	IT12	IT13	IT14	IT15	IT16	IT17	IT18
		μm											mm						
—	3	0.8	1.2	2	3	4	6	10	14	25	40	60	0.1	0.14	0.25	0.4	0.6	1	1.4
3	6	1	1.5	2.5	4	5	8	12	18	30	48	75	0.12	0.18	0.3	0.48	0.75	1.2	1.8
6	10	1	1.5	2.5	4	6	9	15	22	36	58	90	0.15	0.22	0.36	0.58	0.9	1.5	2.2
10	18	1.2	2	3	5	8	11	18	27	43	70	110	0.18	0.27	0.43	0.7	1.1	1.8	2.7
18	30	1.5	2.5	4	6	9	13	21	33	52	84	130	0.21	0.33	0.52	0.84	1.3	2.1	3.3
30	50	1.5	2.5	4	7	11	16	25	39	62	100	160	0.25	0.39	0.62	1	1.6	2.5	3.9
50	80	2	3	5	8	13	19	30	46	74	120	190	0.3	0.46	0.74	1.2	1.9	3	4.6
80	120	2.5	4	6	10	15	22	35	54	87	140	220	0.35	0.54	0.87	1.4	2.2	3.5	5.4
120	180	3.5	5	8	12	18	25	40	63	100	160	250	0.4	0.63	1	1.6	2.5	4	6.3
180	250	4.5	7	10	14	20	29	46	72	115	185	290	0.46	0.72	1.15	1.85	2.9	4.6	7.2
250	315	6	8	12	16	13	32	52	81	130	210	320	0.52	0.81	1.3	2.1	3.2	5.2	8.1
315	400	7	9	13	18	25	36	57	89	140	230	360	0.57	0.89	1.4	2.3	3.6	5.7	8.9
400	500	8	10	15	20	27	40	63	97	155	250	400	0.63	0.97	1.55	2.5	4	6.3	9.7
500	630	9	11	16	22	32	44	70	110	175	280	440	0.7	1.1	1.75	2.8	4.4	7	11
630	800	10	13	18	25	36	50	80	125	200	320	500	0.8	1.25	2	3.2	5	8	12.5
800	1000	11	15	21	28	40	56	90	140	230	360	560	0.9	1.4	2.3	3.6	5.6	9	14
1000	1250	13	18	24	33	47	66	105	165	260	420	660	1.05	1.65	2.6	4.2	6.6	10.5	16.5
1250	1600	15	21	29	35	55	78	125	195	310	500	780	1.25	1.95	3.1	5	7.8	12.5	19.5
1600	2000	18	25	35	46	65	92	150	230	370	600	920	1.5	2.3	3.7	6	9.2	15	23
2000	2500	22	30	41	55	78	110	175	280	440	700	1100	1.75	2.8	4.4	7	11	17.5	28
2500	3150	26	36	50	68	96	135	210	330	540	860	1350	2.1	3.3	5.4	8.6	13.5	21	33

注：公称尺寸小于 1mm 时，无 IT4～IT8。

在实际应用中，只要选定了精度等级，就可用查表法确定出公差数值，其步骤如下。

（1）根据公称尺寸找到所在尺寸段（左竖列）。

（2）根据精度等级，找到 IT 所在位置（上横行）。

（3）竖列与横行的交叉点数值即为所查公差数值。

1.2.2　基本偏差系列（公差带位置）

基本偏差是对公差带位置的标准化，用来确定公差带相对零线的位置，一般为靠近零线的极限偏差。

当公差带位于零线以上时，基本偏差为下极限偏差；当公差带位于零线以下时，基本偏差为上极限偏差，如图 1-9 所示。

国家标准对孔和轴分别规定了 28 个公差带位置，分别由 28 个基本偏差来确定，如图 1-10 所示。基本偏差代号用拉丁字母表示，大写表示孔，小写表示轴，单写字母 21 个，双写字母 7 个。在 26 个字母中，I、Q、O、L、W（i、q、o、l、w）未用，以避免混淆。

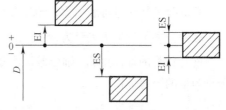

图 1-9　基本偏差

在基本偏差系列中，H（h）的基本偏差等于零；而 J（j）与零线近似对称；JS（js）与零线完全对称，其上极限偏差 es=+IT/2 或下极限偏差 ei=−IT/2。

孔的基本偏差系列中，代号 A～H 的基本偏差为下极限偏差 EI，其绝对值逐渐减小，其中 A～G 的基本偏差 EI 为正值，H 的基本偏差 EI=0；代号 J～ZC 的基本偏差为上极限偏差 ES（除 J 外，一般为负值），其绝对值逐渐增大。

轴的基本偏差系列中，代号 a～h 的基本偏差为上极限偏差 es，其绝对值逐渐减小，其中 h 的基本偏差 es=0；代号 j～zc 的基本偏差为下极限偏差 ei（j、js 除外），其绝对值逐渐增大。

由图 1-10 可知，公差带一端是封闭的，由基本偏差决定；另一端是开口的，其长度由标准公差值的大小决定。因此，公差带代号都是由基本偏差代号和标准公差等级代号两部分组成的，在标注时必须标注公差带的两个组成部分。

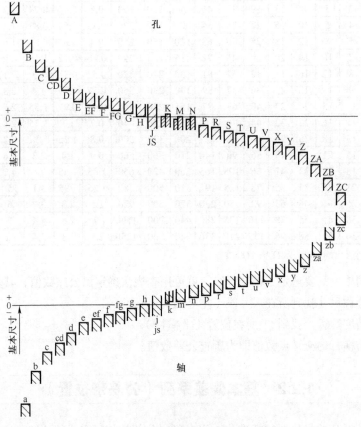

图 1-10　基本偏差系列

孔的公差带代号可表示为 $\phi45H7$ 或 $\phi45^{+0.025}_{0}$ 或 $\phi45H7\left(^{+0.025}_{0}\right)$。

轴的公差带代号可表示为 $\phi56r6$ 或 $\phi56^{+0.060}_{+0.041}$ 或 $\phi56r6\left(^{+0.060}_{+0.041}\right)$。

配合代号的标注用孔、轴公差带代号的组合表示，写成分数形式，分子为孔的公差带代号，分母为轴的公差带代号，即

$$\phi45\frac{H7}{m6} \quad 或 \quad \phi45H7/m6$$

$$\phi55\frac{H7}{j6} \quad 或 \quad \phi55H7/j6$$

表 1-2 列出了轴的基本偏差数值。表 1-3 列出了孔的基本偏差数值。

表 1-2　　　　　　　　　　　　　　　　轴的基本偏差数值　　　　　　　　　　　　　　　（单位：μm）

公称尺寸 /mm		基本偏差数值（上极限偏差 es）											
		所有标准公差等级											
大于	至	a	b	c	cd	d	e	ef	f	fg	g	h	js
—	3	−270	−140	−60	−34	−20	−14	−10	−6	−4	−2	0	
3	6	−270	−140	−70	−46	−30	−20	−14	−10	−6	−4	0	
6	10	−280	−150	−80	−56	−40	−25	−18	−13	−8	−5	0	
10	14	−290	−150	−95		−50	−32		−16		−6	0	
14	18												
18	24	−300	−160	−110		−65	−40		−20		−7	0	
24	30												
30	40	−310	−170	−120		−80	−50		−25		−9	0	
40	50	−320	−180	−130									
50	65	−340	−190	−140		−100	−60		−30		−10	0	
65	80	−360	−200	−150									
80	100	−380	−220	−170		−120	−72		−36		−12	0	
100	120	−410	−240	−180									
120	140	−460	−260	−200		−145	−85		−43		−14	0	
140	160	−520	−280	−210									
160	180	−580	−310	−230									
180	200	−660	−340	−240		−170	−100		−50		−15	0	
200	225	−740	−380	−260									
225	250	−820	−420	−280									
250	280	−920	−480	−300		−190	−110		−56		−17	0	
280	315	−1050	−540	−330									
315	355	−1200	−600	−360		−210	−125		−62		−18	0	
355	400	−1350	−680	−400									
400	450	−1500	−760	−440		−230	−135		−68		−20		
450	500	−1650	−840	−480									
500	560					−260	−145		−76		−22	0	偏差 $=\pm\dfrac{\text{IT}_n}{2}$，式中 IT_n 是 IT 值数
560	630												
630	710					−290	−160		−80		−24	0	
710	800												
800	900					−320	−170		−86		−26	0	
900	1000												
1000	1120					−350	−195		−98		−28	0	
1120	1250												
1250	1400					−390	−220		−110		−30	0	
1400	1600												
1600	1800					−430	−240		−120		−32	0	
1800	2000												
2000	2240					−480	−260		−130		−34	0	
2240	2500												
2500	2800					−520	−290		−145		−38	0	
2800	3150												

续表

基本偏差数值（下极限偏差 ei）

注：j 列对应 IT5和IT6、IT7、IT8；k 列对应 IT4~IT7、≤IT3 >IT7；m 及以后各列为所有标准公差等级。

公称尺寸/mm 大于	至	j (IT5和IT6)	j (IT7)	j (IT8)	k (IT4~IT7)	k (≤IT3 >IT7)	m	n	p	r	s	t	u	v	x	y	z	za	zb	zc
—	3	−2	−4	−6	0	0	2	4	6	10	14		18		20		26	32	40	60
3	6	−2	−4		1	0	4	8	12	15	19		23		28		35	42	50	80
6	10	−2	−5		1	0	6	10	15	19	23		28		34		42	52	67	97
10	14	−3	−6		1	0	7	12	18	23	28		33		40		50	64	90	130
14	18													39	45		65	77	108	150
18	24	−4	−8		2	0	8	15	22	28	35		41	47	54	63	73	98	126	188
24	30											41	48	55	64	75	88	118	160	218
30	40	−5	−10		2	0	9	17	26	34	43	48	60	68	80	94	112	148	200	274
40	50											54	71	81	97	114	136	180	242	325
50	65	−7	−12		2	0	11	20	32	41	53	66	87	102	122	144	172	226	300	405
65	80									43	59	75	102	120	146	174	210	274	360	480
80	100	−9	−15		3	0	13	23	37	51	71	91	124	146	178	214	258	335	445	585
100	120									54	79	104	144	172	210	254	310	400	525	690
120	140	−11	−18		3	0	15	27	13	63	92	122	170	202	248	300	365	470	620	800
140	160									65	100	134	190	228	280	340	415	535	700	900
160	180									68	108	146	210	252	310	380	465	600	780	1000
180	200	−13	−21		4	0	17	31	50	77	122	166	236	284	350	425	520	670	880	1150
200	225									80	130	180	258	310	385	470	575	740	960	1250
225	250									84	140	196	284	340	425	520	640	820	1050	1350
250	280	−16	−26		4	0	20	34	56	94	158	215	315	385	475	580	710	920	1200	1550
280	315									98	170	240	350	425	525	650	790	1000	1300	1700
315	355	−18	−28		4	0	21	37	62	108	190	268	390	475	590	730	900	1150	1500	1900
355	400									114	208	294	435	530	660	820	1000	1300	1650	2100
400	450	−20	−32		5	0	23	40	68	126	232	330	490	595	740	920	1110	1450	1850	2400
450	500									132	252	360	540	660	820	1000	1250	1600	2100	2600
500	560				0	0	26	44	78	150	280	400	600							
560	630									155	310	450	660							
630	710				0	0	30	50	88	175	340	500	740							
710	800									185	380	560	840							
800	900				0	0	34	56	100	210	431	620	940							
900	1000									220	470	680	1050							
1000	1120				0	0	40	66	120	225	520	780	1150							
1120	1250									260	580	840	1300							
1250	1400				0	0	48	78	140	300	640	960	1450							
1400	1600									330	720	1080	1600							
1600	1800				0	0	58	92	170	370	820	1200	1850							
1800	2000									400	920	1350	2000							
2000	2240				0	0	68	110	95	440	1000	1500	2300							
2240	2500									460	1100	1650	2500							
2500	2800				0	0	76	135	240	550	1250	1900	2900							
2800	3150									580	1400	2100	3200							

表1-3　孔的基本偏差数值　　　　　　　　　　　　　　　　　　　　　　　　　　　（单位：μm）

公称尺寸/mm 大于	至	基本偏差数值 下极限偏差 EI（所有标准公差等级）												基本偏差数值 上极限偏差 ES									≤IT7
		A	B	C	CD	D	E	EF	F	FG	G	H	JS	J IT6	J IT7	J IT8	K ≤IT8	K >IT8	M ≤IT8	M >IT8	N ≤IT8	N >IT8	P–ZC
—	3	270	140	60	34	20	14	10	6	4	2	0		2	4	6	0	0	−2	−2	−4	−4	
3	6	270	140	70	46	30	20	14	10	6	4	0		5	6	10	−1+Δ		−4+Δ	−4	−8+Δ	0	
6	10	280	150	80	56	40	25	18	13	8	5	0		5	8	12	−1+Δ		−6+Δ	−6	−10+Δ	0	
10	14	290	150	95		50	32		16		6	0		6	10	15	−1+Δ		−7+Δ	−7	−12+Δ	0	
14	18	290	150	95		50	32		16		6	0		6	10	15	−1+Δ		−7+Δ	−7	−12+Δ	0	
18	24	300	160	110		65	40		20		7	0		8	12	20	−2+Δ		−8+Δ	−8	−15+Δ	0	
24	30	300	160	110		65	40		20		7	0		8	12	20	−2+Δ		−8+Δ	−8	−15+Δ	0	
30	40	310	170	120		80	50		25		9	0		10	14	24	−2+Δ		−9+Δ	−9	−17+Δ	0	
40	50	320	180	130		80	50		25		9	0		10	14	24	−2+Δ		−9+Δ	−9	−17+Δ	0	
50	65	340	190	140		100	60		30		10	0		13	18	28	−2+Δ		−11+Δ	−11	−20+Δ	0	
65	80	360	200	150		100	60		30		10	0		13	18	28	−2+Δ		−11+Δ	−11	−20+Δ	0	
80	100	380	220	170		120	72		36		12	0		16	22	34	−3+Δ		−13+Δ	−13	−23+Δ	0	
100	120	410	240	180		120	72		36		12	0		16	22	34	−3+Δ		−13+Δ	−13	−23+Δ	0	
120	140	460	260	200		145	85		43		14	0		18	26	41	−3+Δ		−15+Δ	−15	−27+Δ	0	
140	160	520	280	210		145	85		43		14	0		18	26	41	−3+Δ		−15+Δ	−15	−27+Δ	0	
160	180	580	310	230		145	85		43		14	0		18	26	41	−3+Δ		−15+Δ	−15	−27+Δ	0	
180	200	660	340	240		170	100		50		15	0		22	30	47	−4+Δ		−17+Δ	−17	−31+Δ	0	
200	225	740	380	260		170	100		50		15	0		22	30	47	−4+Δ		−17+Δ	−17	−31+Δ	0	
225	250	825	420	280		170	100		50		15	0		22	30	47	−4+Δ		−17+Δ	−17	−31+Δ	0	
250	280	920	480	300		190	110		56		17	0		25	36	55	−4+Δ		−20+Δ	−20	−34+Δ	0	

注：
- JS 列：偏差=±IT$_n$/2，式中IT$_n$是IT数值。
- P–ZC（≤IT7）列：在大于IT7的相应数值上增加一个Δ值。

续表

基本偏差数值

公称尺寸/mm 大于	至	下极限偏差 EI（所有标准公差等级）												上极限偏差 ES									
		A	B	C	CD	D	E	EF	F	FG	G	H	JS	J IT6	J IT7	J IT8	K ≤IT8	K >IT8	M ≤IT8	M >IT8	N ≤IT8	N >IT8	P~ZC
280	315	1050	540	330		190	110		56		17	0	偏差=±IT_n/2 式中IT_n是IT数值	25	36	55	−4+Δ		−20+Δ	−20	−34+Δ	0	在大于IT7的相应数值上增加一个Δ值
315	355	1200	600	360		210	125		62		18	0		29	39	60	−4+Δ		−21+Δ	−21	−37+Δ	0	
355	400	1350	680	400		210	125		62		18	0		29	39	60	−4+Δ		−21+Δ	−21	−37+Δ	0	
400	450	1500	760	400		230	135		68		20	0		33	43	66	−5+Δ		−23+Δ	−23	−40+Δ	0	
450	500	1650	840	480		230	135		68		20	0		33	43	66	−5+Δ		−23+Δ	−23	−40+Δ	0	
500	560					260	145		76		22	0					0		−26	−26	−44	−44	
560	630					260	145		76		22	0					0		−26	−26	−44	−44	
630	710					290	160		80		24	0					0		−30	−30	−50	−50	
710	800					290	160		80		24	0					0		−30	−30	−50	−50	
800	900					320	175		86		26	0					0		−34	−34	−56	−56	
900	1000					320	175		86		26	0					0		−34	−34	−56	−56	
1000	1120					350	195		98		28	0					0		−40	−40	−66	−66	
1120	1250					350	195		98		28	0					0		−40	−40	−66	−66	
1250	1400					390	220		110		30	0					0		−48	−48	−78	−78	
1400	1600					390	220		110		30	0					0		−48	−48	−78	−78	
1600	1800					430	240		120		32	0					0		−58	−58	−92	−92	
1800	2000					430	240		120		32	0					0		−58	−58	−92	−92	
2000	2240					480	260		130		35	0					0		−68	−68	−110	−110	
2240	2500					480	260		130		35	0					0		−68	−68	−110	−110	
2500	2800					520	290		145		38	0					0		−76	−76	−135	−135	
2800	3150					520	290		145		38	0					0		−76	−76	−135	−135	

续表

基本偏差值 — 上极限偏差 ES（标准公差等级大于 IT7） ／ Δ值（标准公差等级）

公称尺寸/mm 大于	至	P	R	S	T	U	V	X	Y	Z	ZA	ZB	ZC	IT3	IT4	IT5	IT6	IT7	IT8
—	3	-6	-10	-14		-18		-20		-26	-32	-40	-60	0	0	0	0	0	0
3	6	-12	-15	-19		-23		-28		-35	-42	-50	-80	1	1.5	1	3	4	6
6	10	-15	-19	-23		-28		-34		-42	-52	-67	-97	1	1.5	2	3	6	7
10	14	-18	-23	-28		-33		-40		-50	-60	-90	-130	1	2	3	3	7	9
14	18						-39	-45		-60	-77	-108	-150						
18	24	-22	-28	-35		-41	-47	-54	-63	-73	-98	-136	-188	1.5	2	3	4	8	12
24	30				-41	-48	-55	-64	-75	-88	-118	-160	-218						
30	40	-26	-34	-43	-48	-60	-68	-80	-94	-112	-148	-200	-274	1.5	3	4	5	9	14
40	50				-54	-70	-81	-97	-114	-136	-180	-242	-325						
50	65	-32	-41	-53	-66	-87	-102	-122	-144	-172	-226	-300	-405	2	3	4	6	11	16
65	80		-43	-59	-75	-102	-120	-146	-174	-210	-274	-360	-480						
80	100	-37	-51	-71	-91	-124	-146	-178	-214	-258	-335	-445	-585	2	4	5	7	13	19
100	120		-54	-79	-104	-144	-172	-210	-254	-310	-400	-525	-690						
120	140	-43	-63	-92	-122	-170	-202	-248	-300	-365	-470	-620	-800	3	4	6	7	15	23
140	160		-65	-100	-134	-190	-228	-280	-340	-415	-535	-700	-900						
160	180		-68	-108	-146	-210	-252	-310	-380	-465	-600	-780	-1000						
180	200	-50	-77	-122	-166	-236	-284	-350	-425	-520	-670	-880	-1150	3	4	6	9	17	26
200	225		-80	-130	-180	-258	-310	-385	-470	-575	-740	-960	-1250						
225	250		-84	-140	-196	-284	-340	-425	-520	-640	-820	-1050	-1350						
250	280	-56	-94	-158	-218	-315	-385	-475	-580	-710	-920	-1150	-1550	4	4	7	9	20	29
280	315		-98	-170	-240	-350	-425	-525	-650	-790	-1000	-1300	-1700						
315	355	-62	-108	-190	-268	-390	-475	-590	-730	-900	-1150	-1500	-1900	4	5	7	11	21	32

续表

基本偏差值

公称尺寸/mm		基本偏差值 上极限偏差 ES 标准公差等级大于 IT7												Δ值 标准公差等级					
大于	至	P	R	S	T	U	V	X	Y	Z	ZA	ZB	ZC	IT3	IT4	IT5	IT6	IT7	IT8
355	400		-114	-208	-294	-430	-530	-660	-820	-1000	-1300	-1650	-2100	4	5	7	11	21	32
400	450	-68	-126	-232	-330	-490	-565	-740	-920	-1100	-1450	-1850	-2400	5	5	7	13	23	34
450	500		-132	-252	-263	-540	-660	-820	-1000	-1250	-1600	-2100	-2600						
500	560	-78	-150	-280	-400	-600													
560	630		-155	-310	-450	-660													
630	710	-88	-175	-340	-500	-740													
710	800		-185	-380	-560	-840													
800	900	-110	-210	-430	-620	-940													
900	1000		-220	-470	-680	-1050													
1000	1120	-120	-250	-520	-780	-1150													
1120	1250		-260	-580	-840	-1300													
1250	1400	-140	-300	-640	-960	-1450													
1400	1600		-330	-720	-1050	-1600													
1600	1800	-170	-370	-820	-1200	-1850													
1800	2000		-400	-920	-1350	-2000													
2000	2240	-195	-440	-1000	-1500	-2300													
2240	2500		-460	-1100	-1650	-2500													
2500	2800	-240	-550	-1250	-1900	-2900													
2800	3150		-580	-1400	-2100	-3200													

注：1. 公差尺寸小于或等于 1mm 时，基本偏差 A 和 B 及大于 IT8 的 N 均不采用。公差带 JS7～JS11，若 IT_n 值是奇数，则取偏差 $=\pm\dfrac{IT_n-1}{2}$。

2. 对小于或等于 IT8 的 K、M、N 和小于或等于 IT7 的 P～ZC，所需 Δ 值从表内右侧选取。

【例 1-1】　确定 ϕ30f7 的基本偏差和另一个极限偏差。

解：根据公称尺寸 ϕ30f7，查基本偏差表得轴的基本偏差为上极限偏差，es $= -20\mu m$。从标准公差表查得轴的标准公差 IT7 $= 21\mu m$。所以，轴的另一个极限偏差为下极限偏差：

$$ei = es{-}IT7 = -20\mu m - 21\mu m = -41\mu m$$

故 $\phi 30f7^{-0.020}_{-0.041}$。

1.2.3　配合制

配合制是以两个相配合的零件中的一个零件为基准件，并对其选定标准公差带，将其公差带位置固定，而改变另一个零件的公差带位置，从而形成各种配合的一种制度，即同一极限的孔和轴组成的一种配合制度。国家标准规定了基孔制和基轴制两种配合制度。

1. 基孔制

基孔制是指基本偏差为一定的孔的公差带，与不同基本偏差的轴的公差带形成各种配合的一种制度，即基准孔 H 与非基准件轴（a～zc）形成各种配合的一种制度。基孔制的孔为基准孔，其代号为 H，它的基本偏差为下极限偏差，数值为零，上偏差极限为正值，即基准孔的公差带在零线上侧，如图 1-11（a）所示。

基准孔 H 与轴 a～h 形成间隙配合，其标注为 H/(a～h)；与轴 j～n 一般形成过渡配合，其标注为 H/(j～n)；与轴 p～zc 通常形成过盈配合，其标注的形式为 H/(p～zc)。

认识基孔制

2. 基轴制

基轴制是指基本偏差为一定的轴的公差带，与不同基本偏差的孔的公差带形成各种配合的一种制度，即基准轴 h 与非基准件孔（A～ZC）形成各种配合的一种制度。基轴制的轴为基准轴，其代号为 h，它的基本偏差为上极限偏差，数值为零，下极限偏差为负值，即基准轴的公差带在零线下侧，如图 1-11（b）所示。

认识基轴制

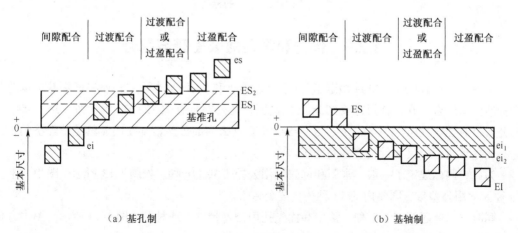

（a）基孔制　　　　　　　　　　　（b）基轴制

图 1-11　基准制

基准轴 h 与孔 A～H 形成间隙配合，其标注为(A～H)/h；与孔 J～N 一般形成过渡配合，其标注为(J～N)/h；与孔 P～ZC 通常形成过盈配合，其标注的形式为(P～ZC)/h。

1.2.4　极限与配合在图样上的标注

1. 公差带代号与配合代号

孔、轴的公差带代号由基本偏差代号和公差等级数字组成。例如，孔的公差带代号为 H7、F7、K7、P6；轴的公差带代号为 h7、g6、m6、r7。

当孔和轴组成配合时，配合代号写成分数形式，分子为孔的公差带代号，分母为轴的公差带代号。例如 H7/g6，如果指某公称尺寸的配合，则公称尺寸标在配合代号之前，如 ϕ30H7/g6。

公差与配合在
图样上的标注

2. 图样中尺寸公差的标注形式

零件图中尺寸公差的两种标注形式如图 1-12（a）所示。

孔、轴公差在零件图上主要标注公称尺寸和极限偏差数值，也可标注公称尺寸、公差带代号和极限偏差值。

在装配图上，主要标注配合代号，即标注孔、轴的基本偏差代号及公差等级，如图 1-12（b）所示。

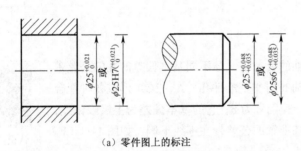
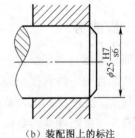

（a）零件图上的标注　　　　　　　　　　　（b）装配图上的标注

图 1-12　公差的标注

1.2.5　优先和常用的公差带与配合

国标 GB/T 1800.1—2009 规定了 20 个公差等级和 28 种基本偏差，如将任意基本偏差与任意标准公差组合，在公称尺寸≤500mm 内范围，孔公差带有 20×27+3（J6、J7、J8）=543 个，轴公差带有 20×27+4（j5、j6、j7、j8）=544 个。这么多的公差带都使用显然是不经济的，因为它必然导致定值刀具和量具规格的繁多。

为此，国标规定了一般、常用和优先轴用公差带共 116 种，如图 1-13 所示。图中方框内的 59 种为常用公差带，圆圈内的 13 种为优先公差带。

同时，国标还规定了一般、常用和优先孔用公差带共 105 种，如图 1-14 所示。图中方框内的 44 种为常用公差带，圆圈内的 13 种为优先公差带。

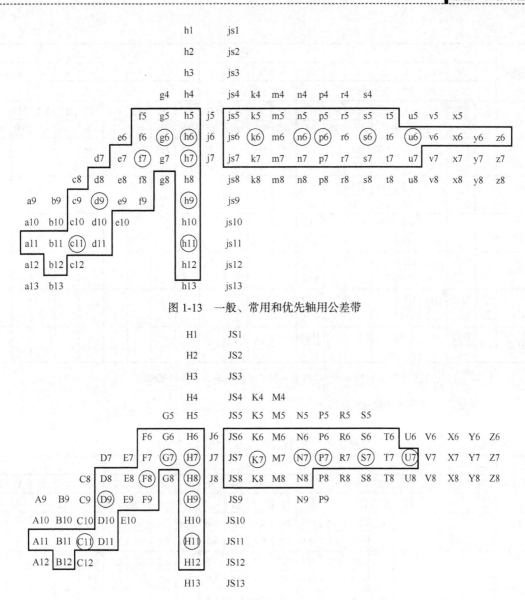

图 1-13 一般、常用和优先轴用公差带

图 1-14 一般、常用和优先孔用公差带

在选用公差带时，应按优先、常用、一般公差带的顺序选取。若一般公差带中也没有满足要求的公差带，则按国标规定的标准公差和基本偏差组成的公差带来选取，还可考虑用延伸和插入的方法来确定新的公差带。

对于配合，国标规定基孔制常用配合 59 种，优先配合 13 种，如表 1-4 所示。基轴制常用配合 47 种，优先配合 13 种，如表 1-5 所示。

表 1-4　　　　　　　　基孔制常用、优先配合（摘自 GB/T 1801—2009）

基准孔	轴																			
	a	b	c	d	e	f	g	h	js	k	m	n	p	r	s	t	u	v	x	y	z
	间　隙　配　合								过渡配合				过　盈　配　合								
H6						$\dfrac{H6}{f5}$	$\dfrac{H6}{g5}$	$\dfrac{H6}{h5}$	$\dfrac{H6}{js5}$	$\dfrac{H6}{k5}$	$\dfrac{H6}{m5}$	$\dfrac{H6}{n5}$	$\dfrac{H6}{p5}$	$\dfrac{H6}{r5}$	$\dfrac{H6}{s5}$	$\dfrac{H6}{t5}$					

续表

基准孔	\	\	\	\	\	\	\	\	\	\	\	\	\	\	\	\	\	\	\	\	\
	a	b	c	d	e	f	g	h	js	k	m	n	p	r	s	t	u	v	x	y	z
	间 隙 配 合								过 渡 配 合				过 盈 配 合								
H7						$\frac{H7}{f6}$	$\frac{H7}{g6}$	$\frac{H7}{h6}$	$\frac{H7}{js6}$	$\frac{H7}{k6}$	$\frac{H7}{m6}$	$\frac{H7}{n6}$	$\frac{H7}{p6}$	$\frac{H7}{r6}$	$\frac{H7}{s6}$	$\frac{H7}{t6}$	$\frac{H7}{u6}$	$\frac{H7}{v6}$	$\frac{H7}{x6}$	$\frac{H7}{y6}$	$\frac{H7}{z6}$
H8					$\frac{H8}{e7}$	$\frac{H8}{f7}$	$\frac{H8}{g7}$	$\frac{H8}{h7}$	$\frac{H8}{js7}$	$\frac{H8}{k7}$	$\frac{H8}{m7}$	$\frac{H8}{n7}$	$\frac{H8}{p7}$	$\frac{H8}{r7}$	$\frac{H8}{s7}$	$\frac{H8}{t7}$	$\frac{H8}{u7}$				
				$\frac{H8}{d8}$	$\frac{H8}{e8}$	$\frac{H8}{f8}$		$\frac{H8}{h8}$													
H9			$\frac{H9}{c9}$	$\frac{H9}{d9}$	$\frac{H9}{e9}$	$\frac{H9}{f9}$		$\frac{H9}{h9}$													
H10			$\frac{H10}{c10}$	$\frac{H10}{d10}$				$\frac{H10}{h10}$													
H11	$\frac{H11}{a11}$	$\frac{H11}{b11}$	$\frac{H11}{c11}$	$\frac{H11}{d11}$				$\frac{H11}{h11}$													
H12		$\frac{H12}{b12}$						$\frac{H12}{h12}$													

注：1. $\dfrac{H6}{n5}$、$\dfrac{H7}{p6}$ 在公称尺寸≤3mm 和 $\dfrac{H8}{r7}$ 在公称尺寸≤100mm 时，为过渡配合。

2. 标注"▼"的配合为优先配合。

表 1-5　　　　　　基轴制优先、常用配合（GB/T 1801—2009）

基准轴	\	\	\	\	\	\	\	\	\	\	\	\	\	\	\	\	\	\	\	\	\
	A	B	C	D	E	F	G	H	JS	K	M	N	P	R	S	T	U	V	X	Y	Z
	间 隙 配 合								过 渡 配 合				过 盈 配 合								
h5						$\frac{F6}{h5}$	$\frac{G6}{h5}$	$\frac{H6}{h5}$	$\frac{JS6}{h5}$	$\frac{K6}{h5}$	$\frac{M6}{h5}$	$\frac{N6}{h5}$	$\frac{P6}{h5}$	$\frac{R6}{h5}$	$\frac{S6}{h5}$	$\frac{T6}{h5}$					
h6						$\frac{F7}{h6}$	$\frac{G7}{h6}$	$\frac{H7}{h6}$	$\frac{JS7}{h6}$	$\frac{K7}{h6}$	$\frac{M7}{h6}$	$\frac{N7}{h6}$	$\frac{P7}{h6}$	$\frac{R7}{h6}$	$\frac{S7}{h6}$	$\frac{T7}{h6}$	$\frac{U7}{h6}$				
h7					$\frac{E8}{h7}$	$\frac{F8}{h7}$		$\frac{H8}{h7}$	$\frac{JS8}{h7}$	$\frac{K8}{h7}$	$\frac{M8}{h7}$	$\frac{N8}{h7}$									
h8				$\frac{D8}{h8}$	$\frac{E8}{h8}$	$\frac{F8}{h8}$		$\frac{H8}{h8}$													
h9				$\frac{D9}{h9}$	$\frac{E9}{h9}$	$\frac{F9}{h9}$		$\frac{H9}{h9}$													
h10				$\frac{D10}{h10}$				$\frac{H10}{h10}$													
h11	$\frac{A11}{h11}$	$\frac{B11}{h11}$	$\frac{C11}{h11}$	$\frac{D11}{h11}$				$\frac{H11}{h11}$													
h12		$\frac{B12}{h12}$						$\frac{H12}{h12}$													

注：标注"▼"的配合为优先配合。

1.2.6　线性尺寸的一般公差（GB/T 1804—2000）

　　线性尺寸的一般公差（未注公差）是指在车间一般工艺条件下可保证的公差，是机床设备一般加工能力在正常维护和操作情况下能达到的经济加工精度，主要用于低精度的非配合尺寸。采用一般公差的尺寸，在该尺寸后不需标注极限偏差。

　　国家标准 GB/T 1804—2000 对线性尺寸的一般公差规定了 4 个公差等级，它们分别是精密级 f、中等级 m、粗糙级 c 和最粗级 v。国家标准对孔、轴及长度的极限偏差均采用与国际标准 ISO 2768—1：1989 一致的双向对称分布偏差，其极限偏差值全部采用对称偏差值。线性尺寸的未注极限偏差的数值如表 1-6 所示。

表 1-6　　　　　　　　　　　　　线性尺寸的未注极限偏差的数值　　　　　　　（单位：mm）

公差等级	公称尺寸分段						
	>3～6	>6～30	>30～120	>120～400	>400～1 000	>1 000～2 000	>2 000～4 000
f（精密级）	±0.05	±0.1	±0.15	±0.2	±0.3	±0.5	—
m（中等级）	±0.1	±0.2	±0.3	±0.5	±0.8	±1.2	±2
c（粗糙级）	±0.3	±0.5	±1.2	±1.2	±2	±3	±4
v（最粗级）	±0.5	±1	±2.5	±2.5	±4	±6	±8

　　当采用未注公差时，在图样上只注公称尺寸，不注极限尺寸，而在图样的技术要求或有关技术文件上标注时，用国家标准号和公差等级代号并在两者之间用一短画线隔开表示。例如，选用 m（中等级）时，则表示为 GB/T 1804—m。这表明图样上凡未注公差的现行尺寸（包含倒圆半径与倒角高度），均按 m（中等级）加工和检验。

　　采用未注公差的线性尺寸在正常车间加工精度保证的情况下，一般可以不用检验。

　　国家标准同时也规定了倒圆半径与倒角高度尺寸的极限偏差数值，如表 1-7 所示。

表 1-7　　　　　　　　　倒圆半径与倒角高度尺寸的极限偏差数值　　　　　（单位：mm）

公差等级	尺寸分段			
	0.5～3	>3～6	>6～30	>30
f（精密级）	±0.2	±0.5	±1	±2
m（中等级）				
c（粗糙级）	±0.4	±1	±2	±4
v（最粗级）				

1.3
公差的选用

　　极限与配合的选择是否恰当，对产品的性能、质量、互换性及经济性有着重要的影响。机械设计与制造中，一个重要环节就是极限与配合的选择，其内容包括基准选择、公差等级选择和配合种类选择。极限与配合选择的原则是在满足使用要求的前提下能获得最佳的经济效益，即它是在公称尺寸已经确定的情况下进行的尺寸精度计算。

1.3.1 基准制的选择原则

基准制的选择与零件的使用要求无关，主要考虑零件的结构、工艺、装配和经济等方面的因素。

1. 优先选用基孔制

从零件的加工工艺方面考虑，中等尺寸、精度较高的孔的加工和检验常采用钻头、绞刀、量规等定值刀具和量具。如果孔的公差带位置固定，则可减少刀具和量具的规格和数量，有利于降低生产成本，并且轴类零件的测量比较方便，因此应优先选用基孔制。

2. 选用基轴制的情况

虽然基孔制配合有许多优点，但是在某些特殊场合，选用基轴制配合会更加合理。

（1）当在机械制造中采用具有一定公差等级的冷拉钢材，其外径不经切削加工即能满足使用要求，此时就应选择基轴制，再按配合要求选用适当的孔公差带加工孔就可以了。

（2）有些零件由于结构上的需要，宜采用基轴制。图 1-15（a）所示为发动机的活塞销轴与连杆铜套孔和活塞孔之间的配合，根据工作要求，活塞销轴与活塞孔应为过渡配合，而活塞销与连杆之间由于有相对运动应为间隙配合。所以，在同一公称尺寸的轴上装配有不同配合要求的几个孔件时应采用基轴制。若采用基孔制配合，如图 1-15（b）所示活塞销需要做成中间小两头大的形状，这不仅对加工不利，同时装配也有困难，易拉毛连杆孔。改用基轴制配合，如图 1-15（c）所示，活塞销可尺寸不变，而连杆孔、支撑孔分别按不同要求加工，比较经济合理且便于安装。

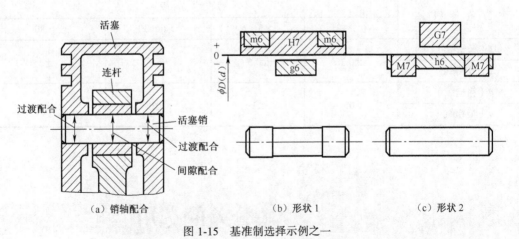

（a）销轴配合 　　　　　（b）形状 1 　　　　　（c）形状 2

图 1-15　基准制选择示例之一

（3）在仪表制造、钟表生产、无线电工程中，常使用经过光轧成形的钢丝直接做轴。其加工尺寸是小于 1mm 的精密轴，这时采用基轴制比较经济。

3. 与标准件配合时，应以标准件为基准件来确定配合制

标准件通常由专业工厂大量生产，在制造时其配合部位的配合制已确定。所以以其配合的轴和孔一定要服从标准件既定的配合制。

4. 在有特殊需要时可采用非基准制配合

非基准制配合是指由不包含基本偏差 H 和 h 的任一孔、轴公差带组成的配合。如图 1-16 所示，为轴承座孔同时与滚动轴承外径和端盖的配合。滚动轴承是标准件，它与轴承座孔的配合应为基轴制过渡配合，选轴承座孔公差带为 $\phi52J7$，而轴承座孔与端盖的配合应为较低精度的间隙配合，座孔公差带已定为 J7，现在只能对端盖选定一个位于 J7 下方的公差带，以形成所要求的间隙配合。考虑到端盖的性能要求和加工的经济性，采用 f9 的公差带，最后确定端盖与轴承孔的配合为 $\phi52J7/f9$。

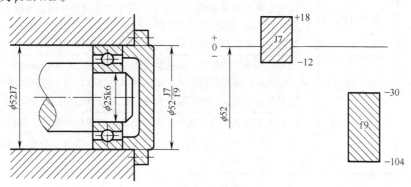

图 1-16 非基准制配合

1.3.2 公差等级的选用

为较好地解决机械产品的使用要求与制造工艺及成本之间的矛盾，最大限度地提高经济性，在满足零件使用要求的前提下，应尽量选取较低的公差等级。

公差等级的
选择原则

1. 国家标准规定的公差等级划分范围（见表 1-8）

表 1-8　　　　　　　　　　国家标准规定的公差等级的划分范围

公差等级应用	01	0	1	2	3	4	5	6	7	8	9	10	11	12	13	14	15	16	17	18
量块																				
量规																				
特精零件																				
配合尺寸																				
非配合尺寸																				
原材料																				

2．国家标准推荐的公差等级应用范围（见表 1-9）

表 1-9　　　　　　　　　　　国家标准推荐的公差等级的应用范围

精度范围	公差等级	应用范围
高精级	IT01～IT1	用于量块，大致相当于量块的 1、2、3 级精度
精密级	IT12～IT5	用于精密零件的配合，如用于检验精度 IT2～IT16 零件的量规、圆度仪主轴颈与轴承等
普精级	轴 IT5 孔 IT6	用于高精度的重要配合，如精密机床中主轴颈与轴承，发动机中活塞销与活塞孔，车床尾座孔与顶尖套筒的配合等 其配合公差很小，加工要求很高，故应用很少
低精级	轴 IT6 孔 IT7	用于较高精度的配合，如普通机床和仪表的重要配合，机床传动机构中齿轮与轴、轴与轴承的配合，内燃机中曲柄与套筒的配合等 其配合公差较小，一般精密加工能够实现，在精密机械中广泛应用
低精级	IT7～IT8	用于中等精度的配合，如一般机械中速度不高的配合（如轴与轴承），重型机械中精度要求稍高的配合（如发动机活塞环与活塞环槽），农业机械中较重要的配合（如拖拉机上齿轮与轴）等 其配合公差中等，加工易于实现，在一般机械中广泛使用
低精级	IT9～IT10	用于一般要求的配合，如键宽与键槽宽的配合；某些非配合尺寸的特殊需要，如飞机机身外壳的尺寸，根据其质量标准，要求达到此等级 其配合公差稍大，加工易于实现，在一般机械中广泛使用
低精级	IT11～IT12	用于不重要或只要求便于连接的配合，如螺栓和螺孔、铆钉和孔等
低精级	IT12～IT18	用于非配合尺寸或粗加工的工序尺寸上，如箱体的外形、手柄的直径等，以及冲压件、铸锻件等

3．各种加工方法所能达到的公差等级范围

在公称尺寸相同时，精度等级越高，对生产技术条件和机床精度等级要求越高，生产成本就越高。因此，只有了解各种加工方法所能达到的等级范围，才能做到合理地确定公差等级。

常用加工方法所能达到的公差等级，如表 1-10 所示。

表 1-10　　　　　　　　　　各种加工方法所能达到的公差等级

加工方法	01	0	1	2	3	4	5	6	7	8	9	10	11	12	13	14	15	16	17	18
研磨	━	━	━	━	━	━	━													
珩磨						━	━	━												
圆磨							━	━	━	━										
平磨							━	━	━	━										
金刚石车							━	━	━											
金刚石镗							━	━	━											
拉削							━	━	━	━										
铰孔								━	━	━	━	━								
车									━	━	━	━	━							
镗									━	━	━	━	━							
铣									━	━	━	━	━							

续表

加工方法	01	0	1	2	3	4	5	6	7	8	9	10	11	12	13	14	15	16	17	18
刨、插												▬	▬							
钻孔												▬	▬	▬	▬					
滚压、挤压												▬	▬							
冲压												▬	▬	▬	▬	▬				
压铸													▬	▬	▬	▬				
粉末冶金成型								▬	▬	▬										
粉末冶金烧结									▬	▬	▬									
砂型铸造、气割																▬	▬			
锻造																▬	▬			

4. 选择公差等级应注意的问题

对于常用尺寸段较高精度等级（≤IT8）的配合，由于孔比轴难加工，应使孔比轴低一级，从而使孔、轴加工难易程度相当、成本相当，如孔 IT8/轴 IT7、孔 IT7/轴 IT6 等；低精度的孔和轴或者公称尺寸大于 500mm 时可采用同级配合，如 H8/s8。

① 工艺等价性。在某些特殊情况下，如仪表业中小尺寸（≤3mm）的公差等级，由于孔比轴易加工，可以有孔比轴高一级或高两级组成配合的情况。

② 公差等级与配合性质的一致性。一般来说，配合越紧精度越高、配合越松精度越低。例如，对同一零件选择 H10/a10 和 H8/g7 合理，但选择 H8/g7 和 H6/a5 就不合理了。

③ 相互配合零件精度的一致性。例如，与滚动轴承相配合的轴颈和箱体孔的精度选择应与给定轴承一致，与齿轮相配合的轴应与齿轮精度一致。

④ 与精度设计原则的一致性。精度设计的基本原则是在满足使用要求的前提下，尽量选用较低的精度等级。尤其在非基准制配合中，精度要求不高的零件，可选择与配合件零件差 2～3 级。

常用公差等级的应用实例如表 1-11 所示。

表 1-11 常用公差等级的应用实例

公差等级	实用
IT5 （孔为 IT6）	主要用在配合公差、形状公差要求很小的地方，其配合性质稳定，一般在机床、发动机、仪表等重要部位应用。例如，与 5 级精度滚动轴承配合的轴承座孔，与 6 级精度滚动轴承配合的机床主轴、机床尾架与套筒、精密机械及高速机械中轴颈、精密丝杠轴颈等
IT6 （孔为 IT7）	配合性质能达到较高的均匀性。例如，与 6 级精度滚动轴承相配合的孔、轴颈；与齿轮、蜗轮、联轴器、带轮、凸轮等连接的轴颈，机床丝杠轴颈，摇臂钻立柱，机床夹具中导向件外径尺寸，6 级精度齿轮的基准孔，7、8 级精度齿轮基准轴
IT7	7 级精度比 6 级精度稍低，应用条件与 6 级精度基本相似，在一般机械制造中应用较为普遍。例如，联轴器、带轮、凸轮等孔径，机床夹盘座孔，夹具中固定钻套，7、8 级精度的齿轮基准孔，9、10 级精度的齿轮基准轴
IT8	在机械制造中属于中等精度。例如，轴承座衬套沿宽度方向尺寸，9～12 级精度的齿轮基准孔，11～12 级精度的齿轮基准轴

续表

公 差 等 级	实　　用
IT9、IT10	主要用于机械制造中轴套外径与孔，操纵件与轴，带轮与轴，单键与花键
IT11、IT12	配合精度很低，装配后可能产生很大间隙，适用于基本上没有什么配合要求的场合。例如，机床上法兰盘与止口，滑块与滑移齿轮，加工中工序间尺寸，冲压加工的配合件，机床制造中的扳手孔与扳手座的连接

1.3.3　配合的选择原则

　　配合的选择是在基准孔（轴）和公差等级确定后，对基准孔或基准轴的公差带的位置，以及相应的非基准件的基本偏差代号的选择。正确选择配合对保证机器正常工作、延长机器使用寿命和降低造价，都起着非常重要的作用。

　　选择配合的主要依据是使用要求和工作条件。对于初学者来说，首先要确定配合的类别，选定是间隙配合、过渡配合还是过盈配合。表1-12给出了配合类别选择的一般方法。

表1-12　　　　　　　　　　　　配合类别选择的一般方法

		永久结合	过　盈　配　合
无相对运动	传递转矩　精确同轴	可拆结合	过渡配合或基本偏差为H（h）的间隙配合加紧固件
	不要精确同轴		键等间隙配合加紧固件
	不需要传递转矩		过渡配合或轻的过盈配合
有相对运动	只有移动		基本偏差为H（h）、G（g）等间隙配合
	转动或转动和移动符合运动		基本偏差为A～F（a～f）等间隙配合

　　确定配合类别后，应尽可能选用优先配合，其次是常用配合，再次是一般配合，如果仍不能满足要求，也可以按孔轴公差带组成相应的配合。

　　表1-13所示为尺寸至500mm基孔制常用和优先配合的特征及应用，表1-14所示为轴的基本偏差选用说明。

表1-13　　　　　　　　尺寸至 500 mm 基孔制常用和优先配合的特征及应用

配合类别	配合特征	配合代号	应　　用
间隙配合	特大间隙	$\dfrac{H11}{a11}$，$\dfrac{H11}{a11}$，$\dfrac{H11}{a11}$	用于高温或工作时要求大间隙的配合
	很大间隙	$\left(\dfrac{H11}{c11}\right)$，$\dfrac{H11}{d11}$	用于工作条件较差、受力变形或为了便于装配而需要大间隙的配合和高温工作的配合
	较大间隙	$\dfrac{H9}{c9}$，$\dfrac{H10}{c10}$，$\dfrac{H8}{d8}$，$\left(\dfrac{H9}{d9}\right)$ $\dfrac{H10}{d10}$，$\dfrac{H8}{e7}$，$\dfrac{H8}{e8}$，$\dfrac{H9}{e9}$	用于高速重型的滑动轴承或大直径的滑动轴承，也可以用于大跨距或多点支撑的配合
过渡配合	一般间隙	$\dfrac{H6}{f5}$，$\dfrac{F7}{f6}$，$\left(\dfrac{H8}{f7}\right)$，$\dfrac{H8}{f8}$，$\dfrac{H9}{f9}$	用于一般转速的配合。当温度影响不大时，广泛应用于普通润滑油润滑的支撑处
	较小间隙	$\left(\dfrac{H7}{g6}\right)$，$\dfrac{H8}{g7}$	用于精密滑动零件或缓慢间隙回转的零件的配合部位

续表

配合类别	配合特征	配合代号	应　用
过渡配合	很小间隙和零间隙	$\dfrac{H6}{g5}$，$\dfrac{H6}{h5}$，$\left(\dfrac{H7}{h6}\right)$，$\left(\dfrac{H8}{h7}\right)$，$\dfrac{H8}{h8}$，$\left(\dfrac{H9}{h9}\right)$，$\dfrac{H10}{h10}$，$\left(\dfrac{H11}{h11}\right)$，$\dfrac{H12}{h12}$	用于不同精度要求的一般定位件的配合和缓慢移动及摆动零件的配合
	绝大部分有微小间隙	$\dfrac{H6}{js5}$，$\dfrac{H7}{js6}$，$\dfrac{H8}{js7}$	用于易于装拆的定位配合或加上紧固件后可传递一定静载荷的配合
	大部分有微小间隙	$\dfrac{H6}{k5}$，$\left(\dfrac{H7}{k6}\right)$，$\dfrac{H8}{k7}$	用于稍有振动的定位配合，加上紧固件可传递一定载荷，装拆方便，可用木锤敲入
	大部分有微小过盈	$\dfrac{H6}{m5}$，$\dfrac{H7}{m6}$，$\dfrac{H8}{m7}$	用于定位精度较高而且能够抗振的定位配合。加上键可传递较大载荷，可用铜锤敲入或小压力压入
	绝大部分有微小过盈	$\left(\dfrac{H7}{n6}\right)$，$\dfrac{H8}{n7}$	用于精确定位或紧密组合件的配合。加上键能传递大力矩或冲击性载荷，只在大修时拆卸
	绝大部分有较小过盈	$\dfrac{H8}{p7}$	加上键后能传递很大力矩，且能承受振动和冲击的配合，装配后不再拆卸
过盈配合	轻型	$\dfrac{H6}{n5}$，$\dfrac{H6}{p5}$，$\left(\dfrac{H7}{p6}\right)$，$\dfrac{H6}{r5}$，$\dfrac{H7}{r6}$，$\dfrac{H8}{r7}$	用于精确的定位配合。一般不能靠过盈传递力矩，要传递力矩尚需要加紧固件
	中型	$\dfrac{H6}{s5}$，$\left(\dfrac{H7}{s6}\right)$，$\dfrac{H8}{s7}$，$\dfrac{H6}{t5}$，$\dfrac{H7}{t6}$，$\dfrac{H8}{t7}$	不需要加紧固件就能传递较小力矩和轴向力。加上紧固件后能承受较大载荷和动载荷
	重型	$\left(\dfrac{H7}{u6}\right)$，$\dfrac{H8}{u7}$，$\dfrac{H7}{v6}$	不需要加紧固件就可传递和承受大的力矩和动载荷的配合，要求零件材料有高强度
	特重型	$\dfrac{H7}{x6}$，$\dfrac{H7}{y6}$，$\dfrac{H7}{z6}$	能传递与承受很大力矩和动载荷的配合，需要经过试验后方可应用

注：1. 括号内的配合为优先配合。

　　2. 国家标准规定的 44 种基轴制配合的应用与本表中的同名配合相同。

表 1-14　　　　　　　　　　　　　轴的基本偏差选用说明

配合	基本偏差	特性及应用
间隙配合	a、b	可得到特别大的间隙，应用很少
	c	可得到很大的间隙，一般用于缓慢、轻松的动配合。用于工作条件较差（如农业机械），受力变形或为了便于装配，而必须保证有较大的间隙。推荐配合为 $\dfrac{H11}{c11}$，其较高等级的 $\dfrac{H8}{c7}$ 配合，适用于轴在高温工作的紧密动配合，如内燃机排气阀和导管
	d	一般用于 IT7～IT11 级，适用于松的转动配合，如密封盖、滑轮、空转皮带轮等与轴的配合；也适用于大直径滑动轴承配合，如透平机、球磨机、轧辊成型机和重型弯曲机及其他重型机械中的一些滑动轴承

配合	基本偏差	特性及应用
间隙配合	e	多用于 IT7、IT8、IT9 级，具有明显的间隙，用于大跨距及多支点的转轴与轴承的配合，以及高速重载的大尺寸轴与轴承的配合，如大型电机、轧辊机的主要轴承处的配合 $\dfrac{H8}{e7}$
	f	多用于 IT6、IT7、IT8 级的一般转动配合。当温度影响不大时，广泛用于普通润滑油（或润滑脂）润滑的支承，如齿轮箱、小电动机、泵等的转轴与滑动轴承的配合
	g	其配合间隙很小，制造成本高，除很轻负荷的精密装置外，不推荐用于转动配合。多用于 IT5、IT6、IT7 级，最适合不回转的精密滑动配合，也用于插销等定位配合，如精密连杆轴承、活塞及滑阀、连杆销等
	h	多用于 IT4~IT11 级。广泛用于无相对转动的零件，作为一般的定位配合。若没有温度、变形影响，也用于精密滑动配合
过渡配合	js	它是偏差完全对称（±IT/2），平均间隙较小的配合，多用于 IT4~IT7 级，要求间隙比 h 级小，并允许略有过盈的定位配合，如联轴节、齿圈与钢制轮毂。可用木锤装配
	k	它是平均间隙接近于零的配合，适用于 IT4~IT7 级，推荐用于稍有过盈的定位配合。例如，为了消除振动用的定位配合。一般用木锤装配
	m	它是平均过盈较小的配合，适用于 IT4~IT7 级，一般可用木锤装配，但在最大过盈时，要求相当的压入力
	n	它是平均过盈比 m 级稍大，很少得到间隙，适用于 IT4~IT7 级，用木锤或压入机装配，通常推荐用于紧密的组件配合。$\dfrac{H6}{n5}$ 配合时为过盈配合
过盈配合	p	它与 H6 或 H7 配合时是过盈配合，与 H8 孔配合时则为过渡配合。对于非铁类零件，为较轻的压入配合，当需要时易于拆卸；对于钢、铸铁或铜、钢组件装配，是标准压入配合
	r	对于铁类零件为中等打入配合，对于非铁类零件，为轻打入配合，当需要时可以拆卸。与 H8 孔配合，直径在 100 mm 以上时为过盈配合，直径小时为过渡配合
	s	用于钢和铁制零件的永久性和半永久性装配，可产生相当大的结合力。当用弹性材料，如轻合金时，配合性质与铁类零件的 p 级相当。例如，套环压装在轴上、阀座等的配合。尺寸较大时，为了避免损伤配合表面，需用热胀或冷缩法装配
	t	它是过盈较大的配合。对钢和铸铁零件适于作永久性结合，不用键可传递力矩，需用热胀或冷缩法装配，如联轴器与轴的配合
	u	这种配合过盈大，一般应验算在最大过盈时工件材料是否损坏，要用热胀或冷缩法装配，如火车轮毂和轴的配合
	v、x、y、z	这些基本偏差所组成配合的过盈量更大，目前使用的经验和资料还很少，需经试验后才能应用。一般不推荐

此外，用类比法选择配合时还要考虑以下因素：承受载荷情况，工作时结合件间是否有相对运动、温度变化、润滑条件、装配变形、装拆情况、生产类型及材料的物理、化学、机械性能等对间隙或过盈的影响。根据不同的工作条件，结合配合的间隙量或过盈量必须做相应改变。工作情况对间隙量或过盈量的影响如表 1-15 所示。

表 1-15　　　　　　　　　　　工作情况对间隙量或过盈量的影响

具体工作情况	过盈的变化	间隙的变化
材料许用应力小	减小	—
经常拆卸	减小	—
有冲击负荷	增大	减小
工作时，孔温高于轴温	增大	减小
工作时，孔温低于轴温	减小	增大
配合长度较大	减小	增大
配合面几何误差较大	减小	增大
装配时可能歪斜	减小	增大
旋转速度高	增大	增大
有轴向运动	—	增大
润滑油黏度增大	—	增大
装配精度高	减小	减小
表面粗糙度低	增大	减小

【例 1-2】　　有一孔轴配合，公称尺寸为 $\phi40$ 配合间隙有 0.025～0.066mm，试确定基孔制配合孔轴的公差等级和配合种类。

解：　　　　　　　　　　　　T_f =0.066mm－0.025mm=0.041mm

又因为　　　　　　　　　　　T_f =T_h+T_s =0.041mm

试选 IT6=0.016mm，IT7=0.025mm。选基准孔 H7。

再确定　　　　　　　　　　　X_{min}=EI-es

　　　　　　　　　　　es=EI-X_{min}=0－0.025mm=－0.025mm

再查轴的基本偏差表 1-2 可知 f 为－0.025mm，轴为 ϕ 40f6。

　　　　　　　　　　　ei=－0.025mm－0.016mm=－0.041mm

校对　　　　　　　　　　　X_{max}=0.025mm+0.041mm=0.066mm

　　　　　　　　　　　X_{min}=0－(－0.025)=+0.025mm

结果：ϕ40H7/f6，孔的公差等级为 IT7，轴的公差等级为 IT6，配和种类为间隙配合。

1.4

普通计量器具的选择与使用

在各种几何量的测量中，尺寸测量是最基础的。几何量中形状、位置、表面粗糙度等误差的测量大多是以长度值来表示的，它们的测量实质上仍然是以尺寸测量为基础的。因此，许多通用性的尺寸测量器具并不只限于测量简单的尺寸，它们也常在形状和位置误差等的测量中使用。

在进行检测时，要针对零件不同的结构特点和精度要求采用不同的计量器具。对于大批量生产，多采用专用量具检验，以提高检测效率。对于单件小批量生产，则常采用通用计量器具进行检测。

在单件小批量生产中，常用游标卡尺、千分尺、指示表等通用量具来进行零件加工检验。

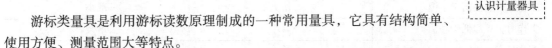

1. 游标类量具

游标类量具是利用游标读数原理制成的一种常用量具，它具有结构简单、使用方便、测量范围大等特点。

游标量具的读数值有 0.1mm、0.05mm、0.02mm 3 种。

例如，游标读数值为 0.05mm 的游标卡尺上，游标零线的位置在尺身刻线 "14" 与 "15" 之间，且游标上第 8 根刻线与尺身刻线对准，则被测尺寸为 14mm+8×0.05mm=14.4mm。

常用的游标量具有游标卡尺、深度游标尺、高度游标尺，它们的读数原理相同，所不同的主要是测量面的位置不同，如图 1-17 所示。

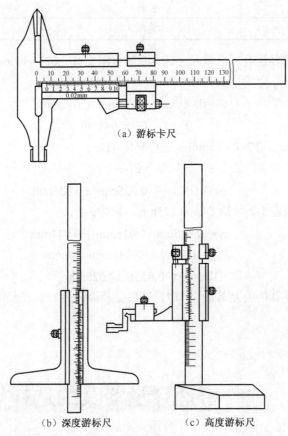

（a）游标卡尺

（b）深度游标尺　　　　（c）高度游标尺

图 1-17　游标量具

为了读数方便，有的游标卡尺上装有测微表头，如图 1-18 所示。它是通过机械传动装置，将两测量爪相对移动转变为指示表的回转运动，并借助尺身刻度和指示表，对两测量爪相对移动所分隔的距离进行读数。

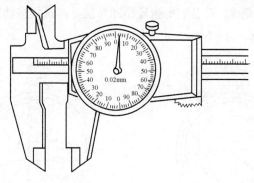

图 1-18　带表游标卡尺

图 1-19 所示为电子数显卡尺，它具有非接触性电容式测量系统，由液晶显示器显示。电子数显卡尺测量方便可靠。

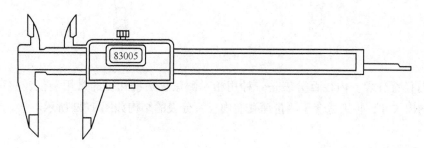

图 1-19　电子数显卡尺

2. 螺旋测微类量具

螺旋测微类量具是利用螺旋副运动原理进行测量和读数的一种测微量具，可分为外径千分尺、内径千分尺和深度千分尺。

千分尺是应用螺旋副的传动原理，将角位移转变为直线位移。常用外径千分尺的测量范围有 0～25mm、25～50mm、50～75mm 以至几米以上，但测微螺杆的测量位移一般均为 25mm。外径千分尺的读数如图 1-20 所示。

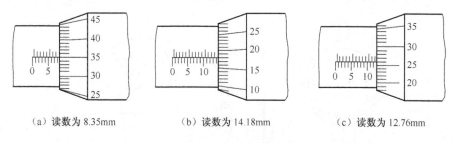

（a）读数为 8.35mm　　　　（b）读数为 14.18mm　　　　（c）读数为 12.76mm

图 1-20　千分尺读数举例

3. 机械量仪

机械量仪是利用机械结构将直线位移经传动、放大后，通过读数装置表示出来的一种测量器具。百分表是应用最广的机械量仪，它的外形及传动如图 1-21 所示。百分表的分度值为 0.01mm，表盘圆周刻有 100 条等分刻线。百分表的齿轮传动系统是测量杆移动 1mm，指针回转一圈。百分表的示值范围有 0～3mm、0～5mm、0～10mm 3 种。

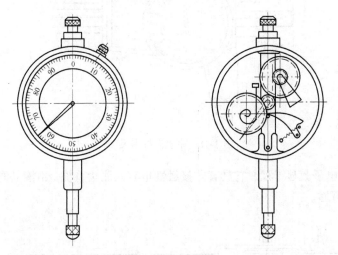

图 1-21 百分表

（1）内径百分表。内径百分表是一种用相对测量法测量孔径的常用量仪，它可测量 6～1 000mm 的内尺寸，特别适合于测量深孔。内径百分表的结构如图 1-22 所示。

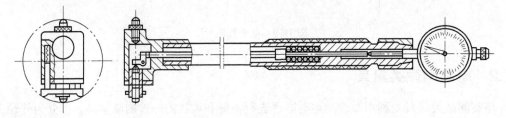

图 1-22 内径百分表

（2）杠杆百分表。杠杆百分表又称靠表，其分度值为 0.01mm，示值范围一般为±0.4mm。图 1-23 所示为杠杆百分表的外形与传动原理图。对于小孔的校正和在机床上校正零件时，由于空间限制，百分表放不进去，这时使用杠杆百分表就显得比较方便了。

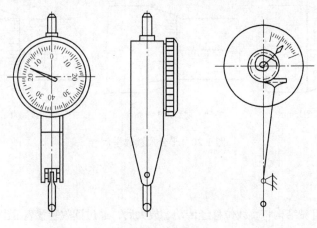

图 1-23 杠杆百分表

（3）扭簧比较仪。扭簧比较仪是利用扭簧作为传动放大机构，将测量杆的直线位移转变为指针的角位移，其外形与传动原理示意图如图 1-24 所示。

扭簧比较仪的分度值有 0.001mm、0.000 5mm、0.000 2mm、0.000 1mm 4 种，其标尺的示值范围分别为±0.03mm、±0.015mm、±0.006mm 和±0.003mm。

扭簧比较仪的结构简单，它的内部没有相互摩擦的零件，因此灵敏度极高，可用作精密测量。

4. 光学量仪

光学量仪是利用光学原理制成的量仪，在长度测量中应用比较广泛的有光学计、测长仪等。

（1）立式光学计。立式光学计是利用光学杠杆放大作用将测量杆的直线位移转换为反射镜的偏转，使反射光线也发生偏转，从而得到标尺影像的一种光学量仪。

立式光学计的外形结构如图 1-25 所示。测量时，先将量块置于工作台上，调整仪器使反射镜与主光轴垂直，然后换上被测工件。

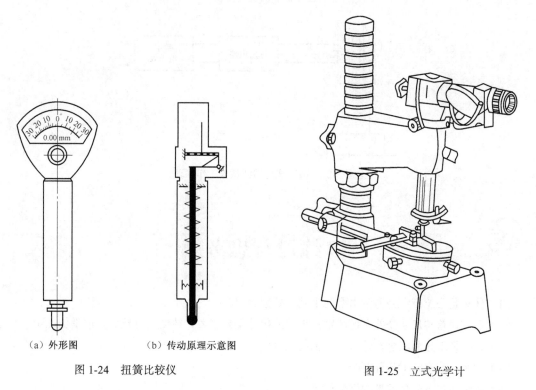

（a）外形图　　　（b）传动原理示意图

图 1-24　扭簧比较仪　　　　　　　　　图 1-25　立式光学计

立式光学计的分度值为 0.001mm，示值范围为±0.1mm，测量范围为高 0～180mm、直径 0～150mm。

（2）万能测长仪。万能测长仪是一种精密量仪，它是利用光学系统和电气部分相结合的长度测量仪器，可按测量轴的位置分为卧式测长仪和立式测长仪两种。其结构如图 1-26 所示。其分度值为 0.001mm，测量范围为 0～100mm。

5. 电动量仪

电感测微仪是一种常用的电动量仪。它是利用磁路中气隙的改变，引起电感量相应改变的一种量仪，如图 1-27 所示。

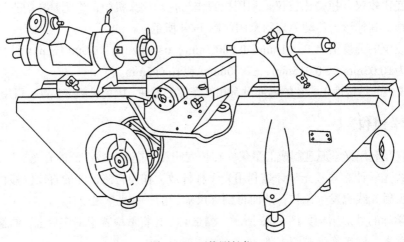

图 1-26　万能测长仪

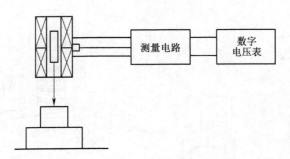

图 1-27　数字式电感测微仪工作原理

练习与思考

（1）什么是公差带？公差带由哪两个基本要素组成？

（2）尺寸误差与尺寸公差有何区别？零件的尺寸偏差越大，精度是否越低？请举例说明。

（3）什么是基孔制配合？什么是基轴制配合？

（4）国家标准规定了几种配合？

（5）查表确定下列公差带的极限偏差。

$\phi30JS7$；$\phi70T5$；$\phi50P6$；$\phi30S6$；$\phi50js5$；$\phi40U7$

（6）设有一配合，孔、轴的公称尺寸为$\phi40$，要求配合间隙为$+0.025\sim+0.066$mm。试确定公差等级和选取适当的配合。

（7）有一对配合的孔、轴，设公称尺寸为$\phi60$，配合公差为0.049mm，最大间隙为0.01mm，按国家标准选择规则求出孔、轴的最佳公差带。

（8）设有一配合，公称尺寸为$\phi25$，按设计要求：配合过盈为$-0.014\sim-0.048$mm。试确定孔、轴的公差等级，按基孔制选定适当的配合，并绘出公差带图。

第2章
几何公差及其检测

2.1 概述

设计图样上给出的零件都是由没有误差的理想几何体构成的，而在加工过程中，由于机床、夹具、刀具和零件所组成的工艺系统本身具有一定的误差，以及变形、振动、磨损等各种因素的影响，使加工后零件几何体的形状及其相对位置偏离了理想状态而产生了误差，这种误差称为几何误差，简称几何误差。这些误差直接影响零件的使用功能和互换性。例如，若车床导轨表面的直线度、平面度不好，将影响刀具的运动精度，从而影响零件的车削质量，如图 2-1 所示；另外，如果导轨表面与底面平行度误差过大、床头箱与导轨表面垂直度误差过大等，也会对车削造成影响。GB/T 1182—2008 规定了几何公差。

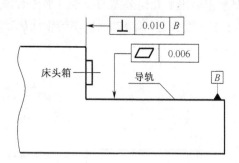

图 2-1　车床导轨与床头箱部分几何公差示例

2.1.1　几何公差的研究对象

任何机械零件，就其几何特征而言，都是由若干点、线或面所构成的，如图 2-2 所示。对零件的几何误差进行控制，就是对构成零件的这些几何要素的形状和位置的控制。

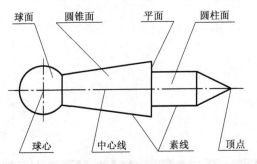

图 2-2 零件的几何要素

1. 几何公差的具体研究对象

几何公差的具体研究对象就是构成零件几何特征的点、线或面，它们统称为几何要素，简称要素。

2. 几何要素的分类

按结构特征、存在的状态、所处的地位、功能关系等的不同，要素可以分为以下几类。

（1）组成要素。组成要素指构成零件外形的点、线、面各要素。例如，平面、球面、圆柱面、素线等都属于组成要素。

（2）导出要素。导出要素指由一个或几个组成要素得到的中心点、中心线或中心面。例如，球心是由球面得到的导出要素，该球面为组成要素；圆柱面的中心线（轴线）是由圆柱面得到的导出要素，该圆柱面为组成要素。

（3）拟合要素（旧国标称理想要素）。拟合要素指具有几何学意义的点、线、面。

（4）实际要素。实际要素指零件上实际存在的要素。在测量和评定几何误差时，以由有限测点组成的提取要素（旧国标称测得要素）代替实际要素。

（5）被测要素。被测要素指给出了几何公差的要素。加工时需进行检测。例如，在图 2-3 中对 $\phi 25_{-0.013}^{0}$ 轴的素线给出了直线度公差，对 $\phi 20_{-0.013}^{0}$ 轴的轴线规定了同轴度公差，所以这些要素是被测要素。

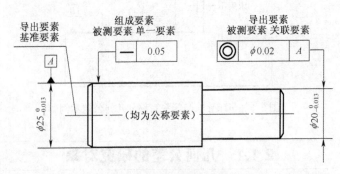

图 2-3 几何要素的归类示例

（6）基准要素。基准要素指用于确定被测要素的理想方向或位置的要素。具有理想形状的基准要素简称为基准，如直线、平面、轴线等。基准可以由零件上一个或多个要素构成，它是确定被测要素的理想方向或位置的依据。例如，图 2-3 中，$\phi 20_{-0.013}^{\ 0}$ 轴的轴线的理想位置应与 $\phi 25_{-0.013}^{\ 0}$ 轴的轴线重合，因此 $\phi 25_{-0.013}^{\ 0}$ 轴的轴线为基准要素。

（7）单一要素。单一要素指被测要素中仅对其本身给出形状公差要求的要素。单一要素是仅对其本身提出功能要求，而对其他要素没有功能关系的要素。例如，图 2-3 中，对 $\phi 25_{-0.013}^{\ 0}$ 轴的素线只规定了直线度公差要求，该要素是单一要素。

（8）关联要素。关联要素指被测要素中给出位置公差要求，对其他要素有功能关系的要素。这里的功能关系是指要求被测要素相对于基准要素保持一定的方向或位置。例如，图 2-3 中，$\phi 20_{-0.013}^{\ 0}$ 轴的轴线（相对于基准轴线有同轴度要求，即要求位置重合）就是关联要素。

2.1.2　几何公差的特征项目和符号

国家标准（GB/T 1182—2008）规定了 14 项几何公差，各项目的名称及符号如表 2-1 所示。各几何公差项目总体上划分为形状公差、位置公差、方向公差和跳动公差。在线、面轮廓度中，无基准要求的视为形状公差，有基准要求的视为位置公差、方向公差或跳动公差。

表 2-1　　　　　　　　　　　几何公差特征符号

公差类型	几何特征	符　号	有无基准
形状公差	直线度	—	无
	平面度	▱	无
	圆度	○	无
	圆柱度	⌀	无
	线轮廓度	⌒	无
	面轮廓度	⌓	无
方向公差	平行度	∥	有
	垂直度	⊥	有
	倾斜度	∠	有
	线轮廓度	⌒	有
	面轮廓度	⌓	有
位置公差	位置度	⊕	有或无
	同心度（用于中心点）	◎	有
	同轴度（用于轴线）	◎	有
	对称度	⚌	有
	线轮廓度	⌒	有
	面轮廓度	⌓	有
跳动公差	圆跳动	↗	有
	全跳动	↗↗	有

2.2 几何公差及几何公差带

2.2.1 几何公差

1. 形状公差的概念

形状公差是指单一要素的形状对其拟合要素所允许的变动量，即允许的最大形状误差值。形状公差项目包括直线度、平面度、圆度、圆柱度、线轮廓度和面轮廓度 6 类。

2. 位置公差的概念

位置公差是指关联要素相对于具有确定位置的拟合要素所允许的变动量，即允许的最大位置误差值。位置公差项目包括位置度、同心度、同轴度、对称度、线轮廓度、面轮廓度 6 类。

3. 方向公差的概念

方向公差是指关联要素相对于具有确定方向的拟合要素所允许的变动量。它用来控制工件上被测提取要素相对于基准要素在给定方向上的误差变动范围，包括控制面对面、面对线、线对面和线对线的方向误差。方向公差项目包括平行度、垂直度、倾斜度、线轮廓度、面轮廓度 5 类。

4. 跳动公差的概念

跳动公差为关联要素绕基准轴线回转一周或连续回转时所允许的最大变动量。它可用来综合控制被测要素的形状误差和位置误差，仅适用于回转类零件。跳动公差项目包括圆跳动和全跳动两类。

2.2.2 几何公差带

1. 几何公差对被测要素的限制

几何公差对被测要素的限制采用包容制，各项目公差对被测要素的限制可用几何公差带直观、形象地表示，几何公差带就是限制被测要素变动的一个包容区域。被测要素若全部位于给定的公差带内（被公差带所包容），就表示被测要素符合设计要求，反之则不合格。因此，控制对象为几何要素的几何公差带具有形状、大小、方向和位置 4 个要素。

（1）公差带的形状。公差带的形状取决于被测要素的公称要素的形状和设计功能要求。为满足不同的要求，国家标准规定了 9 种主要的公差带形状，如表 2-2 所示。

公差带的构成要素	图　　示	所控制的实际要素
一个圆	ϕt	平面内点
一个球面	$S\phi t$	空间内点
两平行直线	t	平面内直线
一个圆柱面	ϕt	空间直线
两平行平面	t	平面
两同心圆	t	截面圆表面
两同轴圆柱面	t	圆柱表面
两等距曲线	t	曲线
两等距曲面	t	曲面

表 2-2　　　　　　　　　　　　　几何公差带的主要形状

（2）公差带的大小。公差带的大小一般是指公差带的宽度或直径。它们取决于图样上给定的几何公差值，体现被测要素的几何精度的高低。当几何公差值为直径时，应在公差值的数字前加注 ϕ 或 $S\phi$（公差值为球径）。

（3）公差带的方向。公差带的方向是指与公差带延伸方向相垂直的方向，即误差变动的方向。它通常为被测要素指引线箭头所指的方向。

如图 2-4（a）所示平面度公差带方向为铅垂方向，图 2-4（b）所示垂直度公差带方向为水平方向。

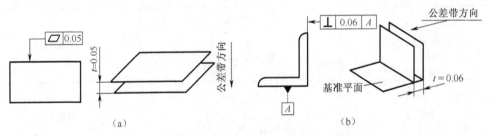

图 2-4　几何公差带方向

（4）公差带的位置。公差带的位置可分为浮动的和固定的两种。

① 位置浮动的公差带：对于形状公差、方向公差，公差带的位置随被测要素的有关尺寸、形状及位置的改变而变动，如图 2-5（b）和图 2-5（c）所示。

② 位置固定的公差带：对于位置公差（同轴度、同心度、对称度和位置度公差），其公差带的位置相对于基准要素是完全确定的，不随被测要素的尺寸、形状及位置的改变而变动，如图 2-5（d）所示。

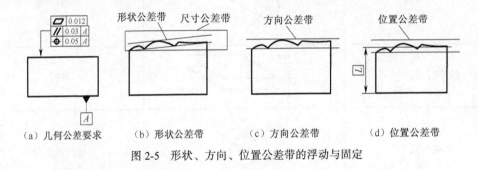

（a）几何公差要求　　（b）形状公差带　　（c）方向公差带　　（d）位置公差带

图 2-5　形状、方向、位置公差带的浮动与固定

2. 几何公差带定义及解释

（1）形状公差带。形状公差带是限制单一实际被测要素形状变动的一个区域。表 2-3 给出了各项目典型形状公差带的定义、标注示例和解释。

表 2-3　　　　　　　　　　形状公差项目的公差带定义、标注示例和解释　　　　　　　　（单位：mm）

几何特征及符号	公差带定义	标注和解释
直线度	公差带为在给定平面内和给定方向上，间距等于公差值 t 的两平行直线所限定的区域	在任一平行于图示投影面的平面内，上平面的提取（实际）线应限定在间距等于 0.1 的两平行直线内

ᵃ任一距离

续表

几何特征及符号	公差带定义	标注和解释
直线度	公差带为间距等于公差值 t 的两平行平面所限定的区域	提取（实际）的棱边应限定在间距等于 0.1 的两平行平面之间
	由于公差值前面加注了符号 ϕ，公差带为直径等于公差值 ϕt 的圆柱面所限定的区域	外圆柱面的提取（实际）中心线应限定在直径等于 $\phi0.08$ 的圆柱面内
平面度	公差带为间距等于公差值 t 的两平行平面所限定的区域	提取（实际）表面应限定在间距等于 0.08 的两平行平面之间
圆度	公差带为在给定横截面内、半径差等于公差值 t 的两同心圆所限定的区域 a 任一横截面	在圆柱面和圆锥面的任意横截面内，提取（实际）圆周应限定在半径差等于 0.03 的两共面同心圆之间
		在圆锥面的任意横截面内，提取（实际）应限定在半径差等于公差值 0.1 的两同心圆之间

续表

几何特征及符号	公差带定义	标注和解释
圆柱度	公差带为半径差等于公差值 t 的两同轴圆柱面所限定的区域 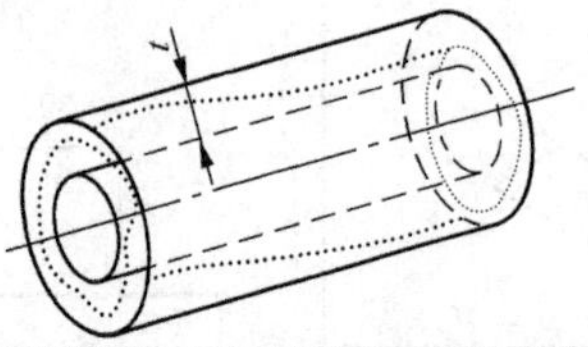	提取（实际）圆柱面应限定在半径差等于 0.1 的两同轴圆柱面之间 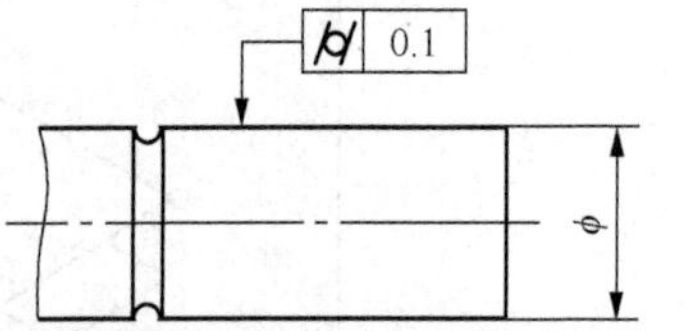

（2）轮廓度公差带。轮廓度公差有线轮廓度和面轮廓度两类。它有基准要求时为方向公差和位置公差，其公差带形状由理论尺寸和基准决定；无基准要求时为形状公差，其公差带形状仅由理论尺寸决定。表 2-4 所示给出了轮廓度公差带的定义、标注示例及解释。

表 2-4　轮廓度公差项目的公差带定义、标注示例和解释（摘自 GB/T 1182—2008）

几何特征及符号	公差带定义	标注和解释
线轮廓度	**无基准的线轮廓度公差** 公差带为直径等于公差值 t、圆心位于具有理论正确几何形状上的一系列圆的两包络线所限定的区域 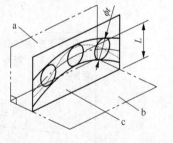 ª 任一距离；ᵇ 垂直于本表格本行右侧视图所在的平面	在任一平行于图示投影面内，提取（实际）轮廓线应限定在直径等于 0.04、圆心位于被测要素理论正确几何形状上的一系列圆的两包络线之间
线轮廓度	**相对于基准体系的线轮廓度公差** 公差带为直径等于公差值 t、圆心位于由基准平面 A 和基准平面 B 所确定的被测要素理论正确几何形状上的一系列圆的两包络线所限定的区域 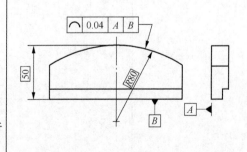 ª 基准平面 A；ᵇ 基准平面 B；ᶜ 平行于基准平面 A 的平面	在任一平行于图示投影平面的截面内，提取（实际）轮廓线应限定在直径等于 0.04、圆心位于由基准平面 A 和基准平面 B 所确定的被测要素理论正确几何形状上的一系列圆的两等距包络线之间

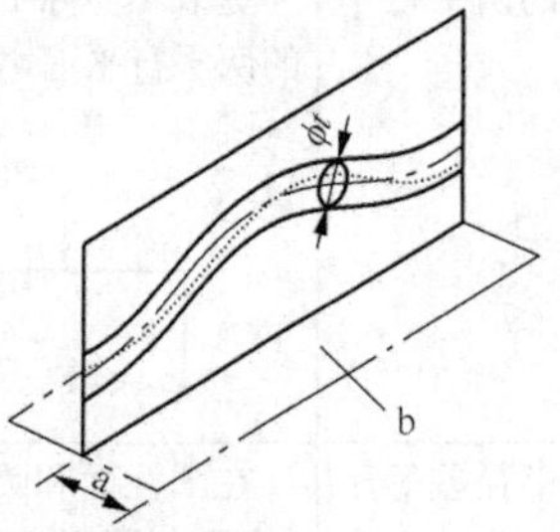

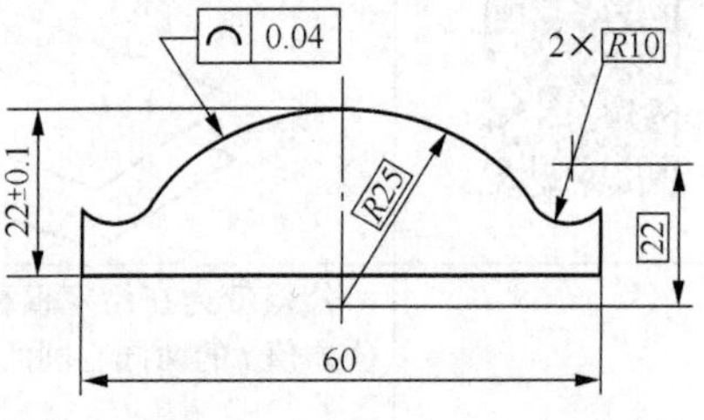

几何特征及符号	公差带定义	标注和解释
面轮廓度	无基准的面轮廓度公差 公差带为直径等于公差值 t、球心位于被测要素理论正确形状上的一系列圆球的两包络面所限定的区域 $S\phi t$	提取(实际)轮廓面应限定在直径等于 0.02、球心位于被测要素理论正确几何形状上的一系列圆球的两等距包络面之间 ⌒ 0.02 40±0.2 SR80
	相对于基准的面轮廓度公差 公差带为直径等于公差值 t、球心位于由基准平面 A 确定的被测要素理论正确几何形状上的一系列圆球的两包络面所限定的区域 $S\phi t$ L a ᵃ基准平面 A	提取(实际)轮廓面应限定在直径等于 0.1、球心位于由基准平面 A 确定的被测要素理论正确几何形状上的一系列圆球的两等距包络面之间 ⌒ 0.1 A 40 SR80 A

（3）方向公差带。方向公差的平行度、垂直度和倾斜度的被测提取要素和拟合要素有直线和平面之分，因此这 3 项公差带均有线对线、线对面、面对线和面对面 4 种情况。方向公差带的定义、标注解释如表 2-5 所示。

表 2-5　　方向公差项目的公差带定义、标注示例和解释（摘自 GB/T 1182—2008）

几何特征及符号	公差带定义	标注及解释
平行度	线对基准体系的平行度公差 公差带为间距等于公差值 t、平行于两基准的两平行平面所限定的区域。 t a　b ᵃ基准轴线；ᵇ基准平面	提取(实际)中心线应限定在间距等于 0.1、平行于基准轴线 A 和基准平面 B 的两平行平面之间 ∥ 0.1 A B B　A

续表

几何特征及符号	公差带定义	标注及解释
平行度	公差带为间距等于公差值 t 的平行于基准轴线 A 且垂直于基准平面 B 的两平行平面所限定的区域 ª基准轴线；ᵇ基准平面	提取（实际）中心线应限定在间距等于 0.1 的两平行平面之间。该两平行平面平行于基准轴线 A 且垂直于基准平面 B `// 0.1 A B`

	公差带为平行于基准轴线和平行或垂直于基准平面、间距分别等于公差值 t_1 和 t_2，且相互垂直的两组平行平面所限定的区域
	
	ª基准轴线；ᵇ基准平面
		提取（实际）中心线应限定在平行于基准轴线 A 和平行或垂直于基准平面 B、间距分别等于公差值 0.1 和 0.2，且相互垂直的两组平行平面之间。
		
		`// 0.2 A B`
		`// 0.1 A B`

	线对基准线的平行度公差	
	若公差值前面加注了符号 ϕ，公差带为平行于基准轴线，直径等于公差值 ϕt 的圆柱面所限定的区域 ª基准轴线	提取（实际）中心线应限定在平行于基准轴线 A、直径等于 $\phi0.03$ 的圆柱面内 `// φ0.03 A`
	线对基准面的平行度公差	
	公差带为平行于基准平面、间距等于公差值 t 的两平行平面所限定的区域 ª基准平面	提取（实际）中心线应限定在平行于基准平面 B、间距等于 0.01 的两平行平面之间 `// 0.01 B`

续表

几何特征及符号	公差带定义	标注及解释
平行度	**线对基准体系的平行度公差** 公差带为间距等于公差值 t 的两平行直线所限定的区域。该两平行直线平行于基准平面 A 且处于平行于基准平面 B 的平面内 ^{a}基准平面 A；^{b}基准平面 B	提取（实际）线应限定在间距等于 0.02 的两平行直线之间。该两平行直线平行于基准平面 A 且处于平行于基准平面 B 的平面内
平行度	**面对基准线的平行度公差** 公差带为间距等于公差值 t、平行于基准轴线的两平行平面所限定的区域 ^{a}基准轴线	提取（实际）表面应限定在间距等于 0.1、平行于基准轴线 C 的两平行面之间
平行度	**面对基准面的平行度公差** 公差带为间距等于公差值 t、平行于基准平面的两平行平面所限定的区域 ^{a}基准平面	提取（实际）表面应限定在间距等于 0.01、平行于基准 D 的两平行平面之间
垂直度	**线对基准线的垂直度公差** 公差带为间距等于公差值 t、垂直于基准线的两平行平面所限定的区域 ^{a}基准线	提取（实际）中心线应限定在间距等于 0.06、垂直于基准轴线 A 的两平行平面之间

几何特征及符号	公差带定义	标注及解释
	线对基准体系的垂直度公差	
	公差带为间距等于公差值 t 的两平行平面所限定的区域。该两平行平面垂直于基准平面 A，且平行于基准平面 B 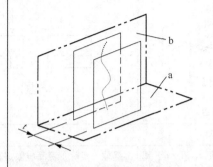 ᵃ基准平面 A；ᵇ基准平面 B	圆柱面的提取（实际）中心线应限定在间距等于 0.1 的两平行平面之间。该两平行平面垂直于基准平面 A，且平行于基准平面 B
垂直度	公差带为间距分别等于公差值 t_1 和 t_2，且相互垂直的两组平行平面所限定的区域。该两组平行平面都垂直于基准平面 A，其中一组平行平面垂直于基准平面 B。另一组平行平面平行于基准平面 B 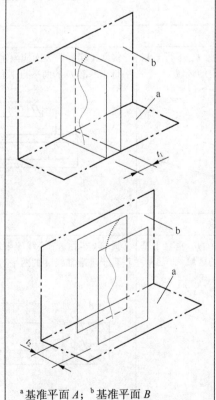 ᵃ基准平面 A；ᵇ基准平面 B	圆柱的提取（实际）中心线应限定在间距等于 0.1 和 0.2 且相互垂直的两组平行平面内。该两组平行平面都垂直于基准平面 A 且垂直或平行于基准平面 B 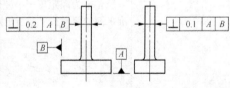

几何特征及符号	公差带定义	标注及解释
垂直度	**线对基准面的垂直度公差**	
	若公差值前面加注符号 ϕ，公差带为直径等于公差值 ϕt、轴线垂直于基准平面的圆柱面所限定的区域 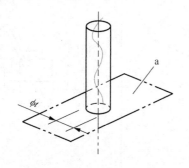 ᵃ基准平面	圆柱面的提取（实际）中心线应限定在直径等于 $\phi 0.01$、垂直于基准平面 A 的圆柱面内 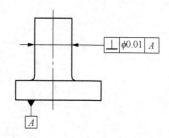
	面对基准线的垂直度公差	
	公差带为间距等于公差值 t 且垂直于基准轴线的两平行平面所限定的区域 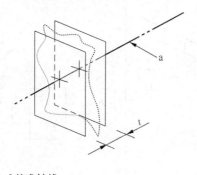 ᵃ基准轴线	提取（实际）表面应限定在间距等于 0.08 的两平行平面之间。该两平行平面垂直于基准轴线 A 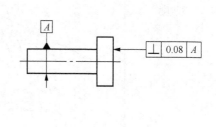
	面对基准平面的垂直度公差	
	公差带为间距等于公差值 t 且垂直于基准平面的两平行平面所限定的区域 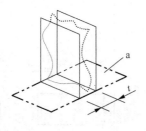 ᵃ基准平面	提取（实际）表面应限定在间距等于 0.08、垂直于基准平面 A 的两平行平面之间 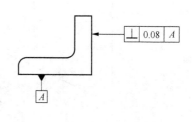

续表

几何特征及符号	公差带定义	标注及解释
倾斜度	**线对基准线的倾斜度公差** ① 被测线与基准线在同一平面内 公差带为间距等于公差值 t 的两平行平面所限定的区域。该两平行平面按给定角度倾斜于基准轴线 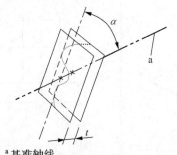 ᵃ基准轴线	提取（实际）中心线应限定在间距等于 0.08 的两平行平面之间。该两平行平面按理论正确角度 60°倾斜于公共基准轴线 $A—B$ 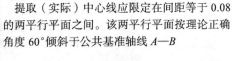 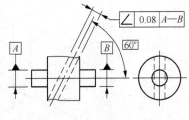
	② 被测线与基准线不在同一平面内 公差带为间距等于公差值 t 两平行平面所限定的区域。该两平行平面按给定角度倾斜于基准轴线 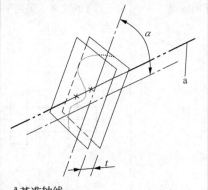 ᵃ基准轴线	提取（实际）中心线应限定在间距等于 0.08 的两平行平面之间。该两平行平面按理论正确角度 60°倾斜于公共基准轴线 $A—B$ 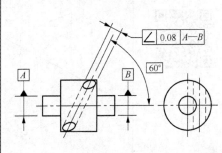
	线对基准面的倾斜度公差 公差带为间距等于公差值 t 两平行平面所限定的区域。该两平行平面按给定角度倾斜于基准平面 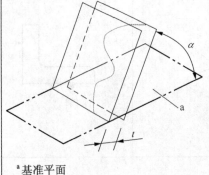 ᵃ基准平面	提取（实际）中心线应限定在间距等于 0.08 的两平行平面之间。该两平行平面按理论正确角度 60°倾斜于基准平面 A 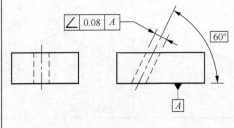

续表

几何特征及符号	公差带定义	标注及解释
倾斜度	若公差值前面加注了符号ϕ,则公差带为直径等于公差值ϕt的圆柱面所限定的区域。该圆柱面公差带的轴线按给定角度倾斜于基准平面A且平行于基准平面B 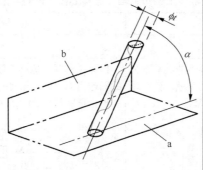 a 基准平面A; b 基准平面B	提取(实际)中心线应限定在直径等于$\phi 0.1$的圆柱面内。该圆柱面的中心线按理论正确角度$60°$倾斜于基准平面A且平行于基准平面B 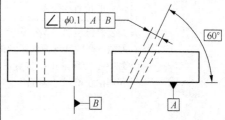
	面对基准线的倾斜度公差	
	公差带为间距等于公差值t两平行平面所限定的区域。该两平行平面按给定角度倾斜于基准直线 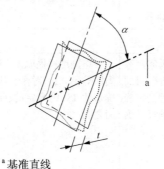 a 基准直线	提取(实际)表面应限定在间距等于0.1的两平行平面之间。该两平行平面按理论正确角度$75°$倾斜于基准轴线A 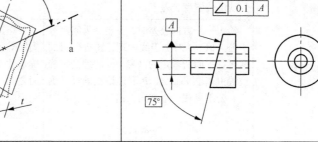
	面对基准面的倾斜度公差	
	公差带为间距等于公差值t两平行平面所限定的区域。该两平行平面按给定角度倾斜于基准平面 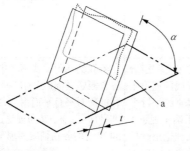 a 基准平面	提取(实际)表面应限定在间距等于0.08的两平行平面之间。该两平行平面按理论正确角度$40°$倾斜于基准平面A 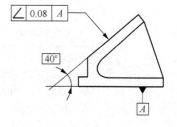

（4）位置公差。位置公差是指被测提取要素对已具有确定位置的拟合要素的允许变动量，拟合要素由基准和理论正确尺寸（长度或角度）确定的。当拟合要素和被测提取要素均为轴线时，为同轴度；当拟合要素和被测提取要素均为轴线，且足够短或为中心点时，为同心度；当拟合要素和被测提取要素为其他要素时，为对称度；其他情况均为位置度公差。位置公差带的定义、标注和解释如表 2-6 所示。

表 2-6   位置公差项目的公差带定义、标注示例和解释（摘自 GB/T 1182—2008）

几何特征及符号	公差带的定义	标注和解释
位置度	**点的位置度公差** 公差值前加注 $S\phi$，公差带为直径等于公差值 $S\phi t$ 的圆球面所限定的区域。该圆球面中心的理论正确位置由基准 A、B、C 和理论正确尺寸确定 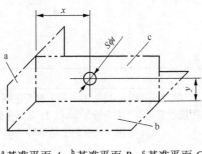 ᵃ基准平面 A；ᵇ基准平面 B；ᶜ基准平面 C	提取（实际）球心应限定在直径等于 $S\phi0.3$ 的圆球面内。该圆球面的中心由基准 A、B、C 和理论正确尺寸 30、25 确定 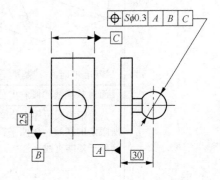
	线的位置度公差 给定一个方向公差时，公差带为间距等于公差值 t、对称于线的理论正确位置的两平行平面所限定的区域。线的理论正确位置由基准平面 A、B 和理论正确尺寸确定。公差只在一个方向上给定 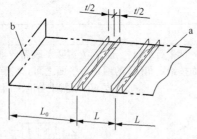 ᵃ基准平面 A；ᵇ基准平面 B	各条刻度线提取（实际）的中心线应限定在间距等于 0.1、对称于基准平面 A、B 和理论正确尺寸 25、10 确定的理论正确位置的两平行平面之间
	给定两个方向公差时，公差带为间距分别等于公差值 t_1 和 t_2、对称于线的理论正确（理想）位置的两对互相垂直的平行平面所限定的区域。线的理论正确（理想）位置由基准平面 C、A 和 B 及理论正确尺寸确定。该公差在基准体系的两个方向上给定	各孔的测得（实际）中心线在给定方向上应各自限定在间距分别等于 0.05 和 0.2、互相垂直的两对平行平面内。每对平行平面对称于基准平面 C、A、B 和理论正确尺寸确定 20、15、30 确定的各孔轴线的理论正确位置

几何特征及符号	公差带的定义	标注和解释
	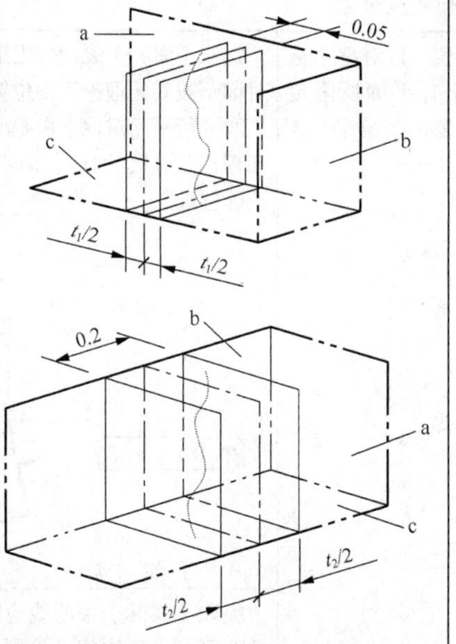	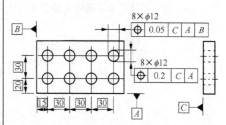
位置度	公差值前面加注了符号 ϕ，公差带为直径等于公差值 ϕt 的圆柱面所限定的区域。该圆柱面的轴线位置由基准平面 C、A、B 和理论正确尺寸确定 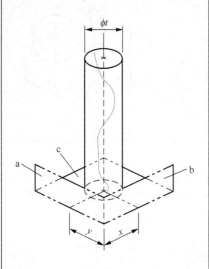 ᵃ基准平面 A；ᵇ基准平面 B；ᶜ基准平面 C	提取（实际）中心线应限定在直径等于公差值 $\phi0.08$ 的圆柱面内。该圆柱面轴线的位置应由基准平面 C、A、B 和理论正确尺寸 100、68 确定的理论正确位置上 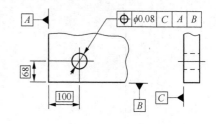 各提取（实际）中心线应各自限定在直径等于 $\phi0.1$ 的圆柱面内。该圆柱面轴线应处于由基准平面 C、A、B 和理论正确尺寸 20、15、30 确定的各孔轴线的理论正确位置上 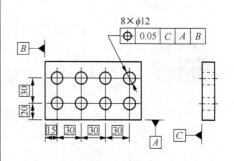

上部图示说明：ᵃ基准平面 A；ᵇ基准平面 B；ᶜ基准平面 C

续表

几何特征及符号	公差带的定义	标注和解释

轮廓平面或中心平面的位置度公差

位置度

公差带为间距等于公差值 *t* 且对称于被测面理论正确位置的两平行平面所限定的区域。面的理论正确位置由基准平面、基准轴线以及理论正确尺寸确定

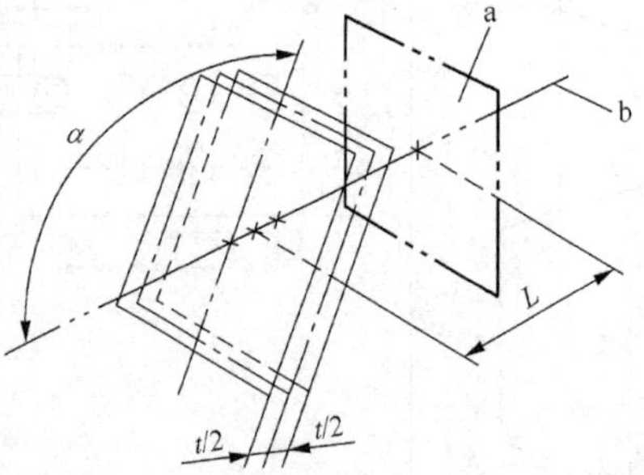

ª 基准平面；ᵇ 基准轴线

提取（实际）表面应限定在间距等于 0.05 且对称于被测面理论正确位置的两平行平面之间。该两平行平面对称于由基准平面 *A*、基准轴线 *B* 和理论正确尺寸 15、105° 确定的被测面的理论正确位置

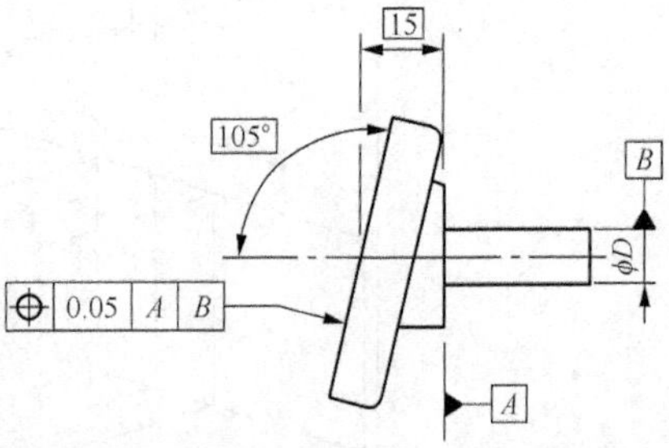

提取（实际）中心线应限定在间距等于 0.05 的两平行平面之间。该两平行平面对称于由基准轴线 *A* 和理论正确角度 45° 确定的各被测面的理论正确位置

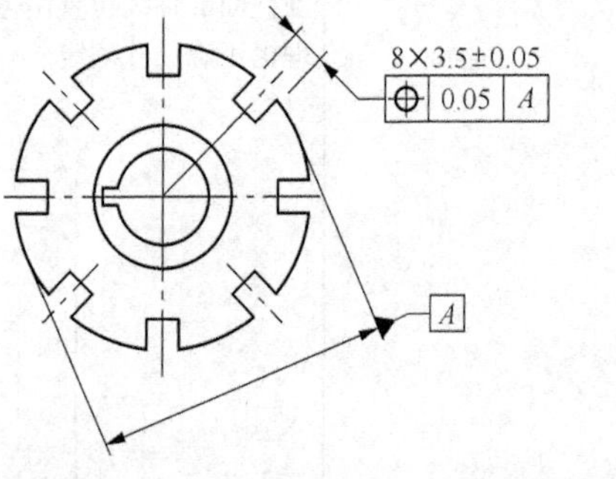

点的同心度公差

同心度和同轴度

公差值前面加注了符号 ϕ，公差带为直径等于公差值 ϕt 的圆周所限定的区域。该圆的圆心与基准点重合

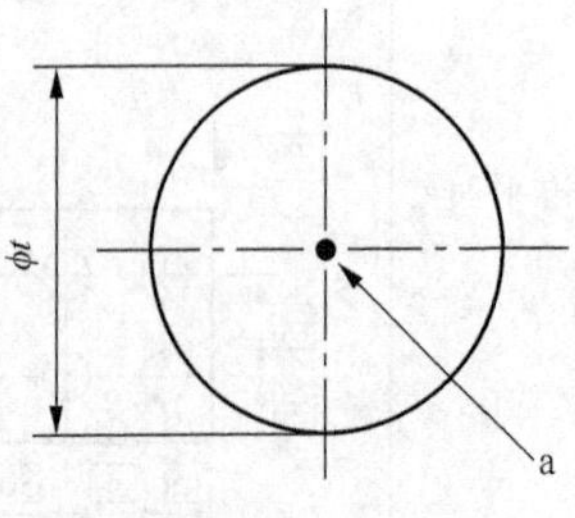

ª 基准点

在任意横截面内，内圆的提取（实际）中心应限定在直径等于 $\phi 0.1$、以基准点 *A* 为圆心的圆周内

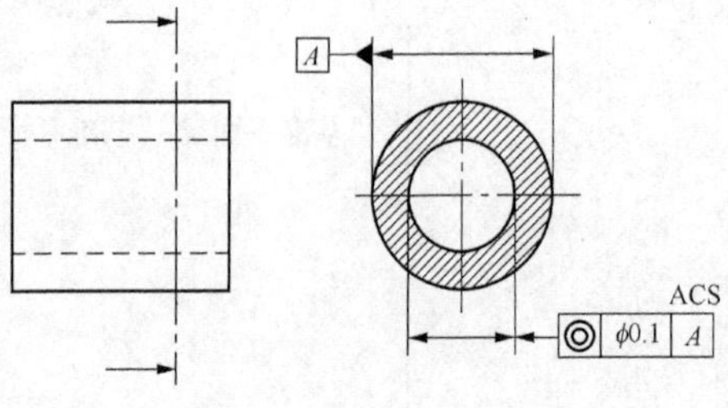

几何特征及符号	公差带的定义	标注和解释
同心度和同轴度	**轴线的同轴度公差** 公差值前面加注了符号 ϕ，公差带为直径等于公差值 ϕt 的圆柱面所限定的区域。该圆柱面的轴线与基准轴线重合 a 基准轴线	大圆柱面的提取（实际）的中心线应限定在直径等于 $\phi 0.08$、以公共基准轴线 $A—B$ 为轴线的圆柱面内 大圆柱面的提取（实际）的中心线应限定在直径等于公差值 $\phi 0.1$、以基准轴线 A 为轴线的圆柱面内 大圆柱面的提取（实际）的中心线应限定在直径等于公差值 $\phi 0.1$、以垂直于基准平面 A 的基准轴线 B 为轴线的圆柱面内
对称度	**中心平面的对称度公差** 公差带为间距等于公差值 t、对称于基准中心平面的两平行平面所限定的区域 a 基准中心平面	提取（实际）的中心面应限定在间距等于 0.08、对称于基准中心平面 A 的两平行平面之间 提取（实际）的中心面应限定在间距等于 0.08、对称于公共基准中心平面 $A—B$ 的两平行平面之间

（5）跳动公差带：如表 2-7 所示列出了跳动公差的公差带定义、标注示例和解释。

表 2-7　　　跳动公差项目的公差带定义、标注示例和解释（摘自 GB/T 1182—2008）

几何特征及符号	公差带的定义	标注和解释
圆跳动	**径向圆跳动公差** 公差带为任一垂直于基准轴线的横截面内，半径等于公差值 t、圆心在基准轴线上的同心圆所限定的区域 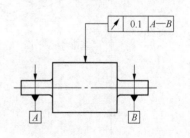 ᵃ 基准轴线；ᵇ 横截面	在任一垂直于基准 A 的横截面内，提取（实际）圆应限定在半径差为 0.8、圆心在基准轴线 A 上的两同心圆之间 $\boxed{\nearrow \mid 0.8 \mid A}$ 在任一平行于基准平面 B、垂直于基准轴线 A 的截面上，提取（实际）圆应限定在半径差为 0.1、圆心在基准轴线 A 上的两同心圆之间 $\boxed{\nearrow \mid 0.1 \mid B \mid A}$ 在任一垂直于公共基准轴线 $A{-}B$ 的截面内，提取（实际）圆应限定在半径差为 0.1、圆心在基准轴线 $A{-}B$ 上的两同心圆之间 $\boxed{\nearrow \mid 0.1 \mid A{-}B}$

续表

几何特征及符号	公差带的定义	标注和解释
圆跳动	圆跳动通常适用于整个要素，但也可规定只使用于局部要素的某一指定部分	在任一垂直于基准轴线 A 的横截面内，提取（实际）圆弧应限定在半径差为 0.2、圆心在基准轴线 A 上的两同心圆弧之间 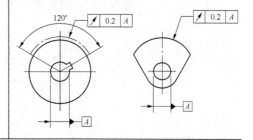
	轴向圆跳动公差	
	公差带为与基准轴线同轴的任一半径的圆柱截面上，间距等于公差值 t 的两圆所限定的圆柱面区域 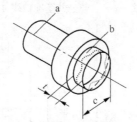 ^a基准轴线；^b公差带；^c任意直径	在与基准轴线 D 同轴的任一圆柱形截面上，提取（实际）圆应限定在轴向距离等于 0.1 的两个等圆之间 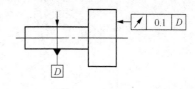
	斜向圆跳动公差	
	公差带为与基准轴线同轴的某一圆锥面上，间距等于公差值 t 的两圆所限定的圆锥面区域　除非另有规定，测量方向应沿被测表面的法向 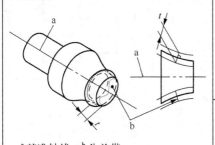 ^a基准轴线；^b公差带	在与基准轴线 C 同轴的任一圆锥截面上，提取（实际）线应限定在素线方向间距等于 0.1 的两不等圆之间 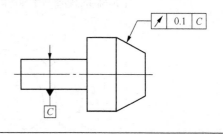
		当标注公差的素线不是直线时，圆锥截面的锥角要随所测圆的实际位置而改变 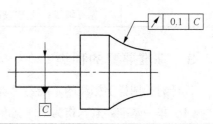

续表

几何特征及符号	公差带的定义	标注和解释
圆跳动	**给定方向上的斜向圆跳动公差** 公差带为与基准轴线同轴、具有给定锥角的任一圆锥截面上，间距等于公差值 t 的两不等圆所限定的区域 ^a 基准轴线；^b 公差带	在与基准轴线 C 同轴且在给定角度 60° 的任一圆锥截面上，提取（实际）圆应限定在素线方向间距等于 0.1 的两不等圆之间
全跳动	**径向全跳动公差** 公差带为半径差等于公差值 t，与基准轴线同轴的两圆柱面所限定的区域 ^a 基准轴线 **轴向全跳动公差** 公差带为间距等于公差值 t，垂直于基准轴线的两平行平面所限定的区域 ^a 基准轴线；^b 提取表面	提取（实际）表面应限定在半径差等于 0.1，与公共基准轴线 A—B 同轴的两圆柱面之间 提取（实际）表面应限定在间距等于 0.1、垂直于基准轴线 D 的两平行平面之间

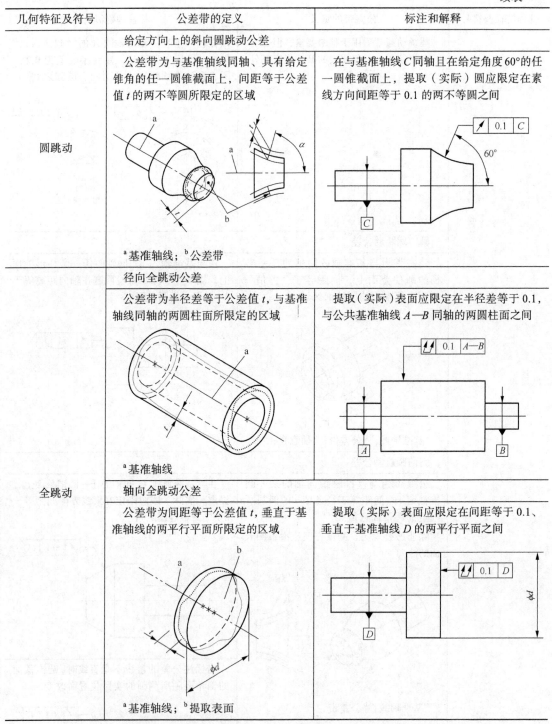

3. 基准要素的种类

设计时，图样上标注的基准要素通常有以下 3 种。

（1）单一基准要素。作为单一基准使用的单个要素称为单一基准要素。

（2）组合基准要素。为了满足功能要求，有时需由两个要素构成一个独立的基准要素，这种基准要素称为组合基准（或称公共基准）要素。

（3）三基面体系。确定某些被测要素的理想方向或位置，常常需要一个以上的一组基准要素，最常用的是三基面体系。三基面体系是为了与空间直角坐标系相一致而规定的，以 3 个互相垂直的平面构成的一个基准体系，其 3 个平面是确定和测量零件上各要素几何关系的起点。在建立基准体系时，基准有顺序之分。在图样上，基准要按先后顺序，用基准代号字母顺序注写在公差框格的基准格内，如图 2-6 所示。

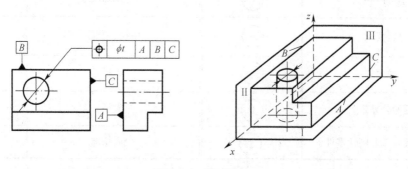

图 2-6　三基面体系

2.3 几何公差的标注

国家标准规定，在技术图样中，几何公差采用框格代号标注，当无法采用框格代号标注时（表达不清楚或过于复杂），允许在技术要求中用文字说明。

1. 几何公差框格

对被测要素提出的几何公差要求在矩形框格中给出，框格用细实线绘制，在图样上可沿水平或垂直方向放置。框格由两格或多格组成，如图 2-7 所示。框格内按从左到右顺序注出以下内容：第 1 格为几何公差项目符号；第 2 格为几何公差值 t 及其他有关符号，公差带形状为圆形或圆柱形时公差值标注 ϕt，如果是圆球形时则标注 $S\phi t$；第 3 格及以后各格按顺序排列的表示基准的字母及有关符号。

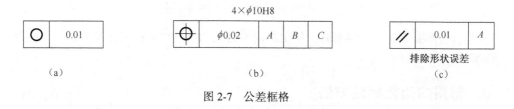

图 2-7　公差框格

需要时可在框格上方或下方附加数字或文字说明，有关被测要素数量及尺寸的说明应放在框格上方，其他文字说明应放在框格下方，如图 2-7（b）和图 2-7（c）所示。

如果要求在公差带内进一步限定被测要素的形状，或被测要素的形状、位置遵循某项公差原则等其他要求时，应在公差值后面加注有关符号，可以参照有关标准规定，如表2-8所示。

表2-8 几何公差其他符号

名　称	符　号	名　称	符　号
最大实体要求	Ⓜ	基准目标	⊘20/A○
最小实体要求	Ⓛ	理论正确尺寸	☐125
包容要求	Ⓔ	中径、节径	PD
可逆要求	Ⓡ	小径	LD
延伸公差带	Ⓟ	大径	MD
自由状态条件（非刚性零件）	Ⓕ	全周轮廓	⌒

2. 带箭头的指引线

被测要素在图样上的表示方法是用带箭头的指引线将公差框格与被测要素相连。

（1）当被测要素为轮廓线或轮廓面时，指引线箭头应置于该要素的轮廓线或其延长线上，并应与尺寸线明显地错开，如图2-8（a）和图2-8（b）所示；若指向的不是要素的轮廓线，而是其实际表面时，指引线箭头可置于带点的参考线上，该点指在实际表面上，如图2-8（c）所示。

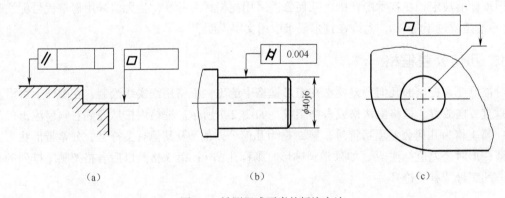

（a）　　　　　　　　　　（b）　　　　　　　　　　（c）

图2-8 被测组成要素的标注方法

（2）当被测要素为导出要素时，指引线箭头应与构成该要素的组成要素的尺寸线对齐，如图2-9所示。

3. 常用的简化标注方法

（1）同一要素具有多项公差要求。（公差带方向一致时）可以将多个公差框格叠放一起，使用一条指引线，如图2-10所示。

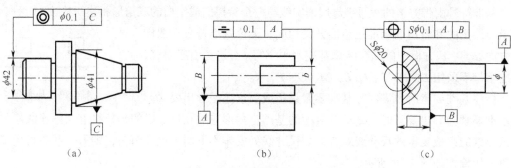

图 2-9　被测导出要素的标注方法

（2）同组多个相同要素具有同一项公差要求。成组相同要素具有同一项公差要求，可以只标注一个要素，同时在公差框格的上方写明成组要素的数量标记。如图 2-11 所示，图样中标注的位置度公差框格，其上方的 6×ϕ8H8 EQS 表示 6 个小孔在理论正确直径 ϕ40mm 的圆周上均布（均匀分布）；理论正确角度 30° 表示 6 个小孔在 ϕ40mm 的圆周上均布的角度位置方位，受控于 C 基准面（槽的中心平面）。

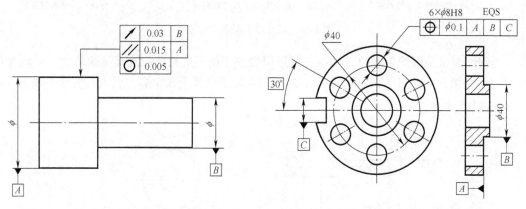

图 2-10　同一要素具有多项公差要求　　　　　图 2-11　同组要素具有同一项公差要求

（3）多个不同要素具有同一项公差要求。多个不同要素具有同一项公差要求，可使用一个公差框格，在一条指引线上分出多个带箭头的线分别指到多个要素，如图 2-12（a）所示；也可在公差框格内公差值的后面加注公共公差带的符号 CZ，如图 2-12（b）所示。

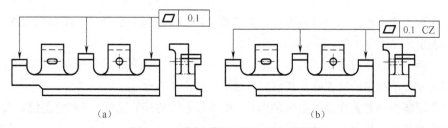

图 2-12　不同要素具有同一项公差要求

4. 基准要素的标注

对于有位置公差要求的要素，在图样上必须用基准符号和注在公差框格内的基准字母表示被测要素与基准要素之间的关系。

基准符号由带方格的大写字母用细实线与一个涂黑的或空白的三角形相连所构成，如图 2-13 所示。涂黑的和空白的基准三角形含义相同。无论基准符号在图样上方向如何，其方框中的基准字母都应水平书写。为避免引起误解，基准字母不采用 E, F, I, J, L, M, O, P, R。

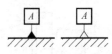

图 2-13　基准符号

标注基准要素时也需区分基准要素是组成要素还是导出要素。当基准要素为导出要素时，基准符号中的基准三角形应放在尺寸线的延长线上，细连线应与构成该要素的组成要素的尺寸线对齐，如尺寸线处安排不下两个尺寸箭头，则另一箭头可用基准三角形代替，如图 2-14 所示。

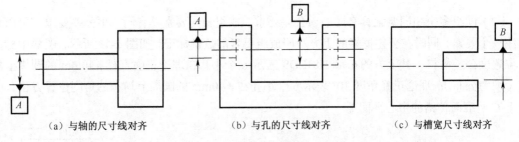

（a）与轴的尺寸线对齐　　　（b）与孔的尺寸线对齐　　　（c）与槽宽尺寸线对齐

图 2-14　基准导出要素的标注

当基准要素为组成要素时，基准三角形应置放于要素的轮廓线或其延长线上，并应明显地与尺寸线错开，如图 2-15（a）所示；基准三角形还可置于该轮廓面引出线的水平线上，如图 2-15（b）所示。

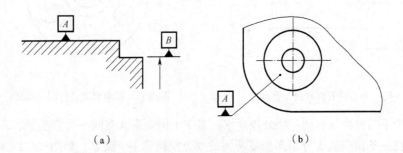

（a）　　　　　　　　　　　（b）

图 2-15　基准组成要素的标注

对于由两个要素组成的公共基准，在公差框格的第3格及以后格中，用由横线隔开的两个大写字母表示，见表 2-7 中全跳动标注示例。

对于由两个或三个要素组成的多基准体系，表示基准的大写字母应按基准的优先次序从左至右分别置于公差框格的第3格及其以后各格中，如图 2-7 所示。

如需要限制被测要素在公差带内的形状，或做公差带的其他说明，应在公差值后或框格上、下加注相应的符号，如表 2-9 所示。

表 2-9　　　　　　　　　　　　　　被测要素说明与限制符号

名　　称	符　　号	名　　称	符　　号
不凸起	NC	公共公差带	CZ
线要素	LE	任意横截面	ACS

2.4 几何公差的选用

几何公差的选择主要包括 4 方面内容：公差原则的选择、公差项目的选择、基准的选择和公差等级（公差值）的选择。

2.4.1 几何公差值及有关规定

在几何公差的国家标准中，将几何公差与尺寸公差一样分为注出公差和未注公差两种。一般对几何精度要求较高时，需在图样上注出公差项目和公差值。对几何精度要求不高、用一般机床加工能够保证的，则不必将几何公差在图样上注出，而由未注几何公差来控制。这样，既可以简化制图，又突出了注出公差的要求。

1. （注出）几何公差的公差等级及其数值

国家标准中，除线轮廓度、面轮廓度和位置度外，对其余几何公差项目均有公差等级的规定。对圆度和圆柱度划分为 13 个等级，从 0～12 级；对其余公差项目划分为 12 个等级，从 1～12 级。精度等级依次降低，12 级精度等级最低。相应公差数值如表 2-10～表 2-13 所示。对于位置度，由于被测要素类型繁多，国家标准只规定了公差值数系，而未规定公差等级，如表 2-14 所示。

表 2-10	直线度和平面度公差值										（单位：μm）	
主参数 L/mm	公 差 等 级											
	1	2	3	4	5	6	7	8	9	10	11	12
	公 差 值											
≤10	0.2	0.4	0.8	1.2	2	3	5	8	12	20	30	60
>10～16	0.25	0.5	1	1.5	2.5	4	6	10	15	25	40	80
>16～25	0.3	0.6	1.2	2	3	5	8	12	20	30	50	100
>25～40	0.4	0.8	1.5	2.5	4	6	10	15	25	40	60	120
>40～63	0.5	1	2	3	5	8	12	20	30	50	80	150
>63～100	0.6	1.2	2.5	4	6	10	15	25	40	60	100	200

注：主参数 L 是轴、直线、平面的长度。

表 2-11	圆度、圆柱度公差值											（单位：μm）
主参数 $d(D)$/mm	公 差 等 级												
	0	1	2	3	4	5	6	7	8	9	10	11	12
	公 差 值												
≤3	0.1	0.2	0.3	0.5	0.8	1.2	2	3	4	6	10	14	25
>3～6	0.1	0.2	0.4	0.6	1	1.5	2.5	4	5	8	12	18	30
>6～10	0.12	0.25	0.4	0.6	1	1.5	2.5	4	6	9	15	22	36

续表

主参数 $d(D)$/mm	公差等级												
	0	1	2	3	4	5	6	7	8	9	10	11	12
	公差值												
>10～18	0.15	0.25	0.5	0.8	1.2	2	3	5	8	11	18	27	43
>18～30	0.2	0.3	0.6	1	1.5	2.5	4	6	9	13	21	33	52
>30～50	0.25	0.4	0.6	1	1.5	2.5	4	7	11	16	25	39	62
>50～80	0.3	0.5	0.8	1.2	2	3	5	8	13	19	30	46	74

注：主参数 $d(D)$ 为被测轴（孔）的直径。

表 2-12　　　　　　　　　　　平行度、垂直度、倾斜度公差值　　　　　　　　（单位：μm）

主参数 L、d (D)/mm	公差等级											
	1	2	3	4	5	6	7	8	9	10	11	12
	公差值											
≤10	0.4	0.8	1.5	3	5	8	12	20	30	50	80	120
>10～16	0.5	1	2	4	6	10	15	25	40	60	100	150
>16～25	0.6	1.2	2.5	5	8	12	20	30	50	80	120	200
>25～40	0.8	1.5	3	6	10	15	25	40	60	100	150	250
>40～63	1	2	4	8	12	20	30	50	80	120	200	300
>63～100	1.2	2.5	5	10	15	25	40	60	100	150	250	400

注：1. 主参数 L 为给定平行度时轴线或平面的长度，或给定垂直度、倾斜度时被测要素的长度。

　　2. 主参数 $d(D)$ 为给定面对线垂直度时，被测要素的轴（孔）直径。

表 2-13　　　　　　　　同轴度、对称度、圆跳动和全跳动公差值　　　　　　　（单位：μm）

主参数 $d(D)$、B、 L/mm	公差等级											
	1	2	3	4	5	6	7	8	9	10	11	12
	公差值											
≤1	0.4	0.6	1.0	1.5	2.5	4	6	10	15	25	40	60
>3	0.4	0.6	1.0	1.5	2.5	4	6	10	20	40	60	120
>3～6	0.5	0.8	1.2	2	3	5	8	12	25	50	80	150
>6～10	0.6	1	1.5	2.5	4	6	10	15	30	60	100	200
>10～18	0.8	1.2	2	3	5	8	12	20	40	80	120	250
>18～30	1	1.5	2.5	4	6	10	15	25	50	100	150	300
>30～50	1.2	2	3	5	8	12	20	30	60	120	200	400
>50～120	1.5	2.5	4	6	10	15	25	40	80	150	250	500

注：1. 主参数 $d(D)$ 为给定同轴度或给定圆跳动、全跳动时的轴（孔）直径，圆锥体为平均直径。

　　2. 主参数 B 为给定对称度时槽的宽度。

　　3. 主参数 L 为给定两孔对称度时的孔心距。

表 2-14　　　　　　　　　　　　　　　位置度系数　　　　　　　　　　　（单位：μm）

1	1.2	1.5	2	2.5	3	4	5	6	8
1×10^n	1.2×10^n	1.5×10^n	2×10^n	2.5×10^n	3×10^n	4×10^n	5×10^n	6×10^n	8×10^n

注：n 为正整数。

2. 未注几何公差的公差等级及其数值

图样上没有具体注明几何公差值的要素，其几何精度由未注几何公差控制。未注公差的应用对象是精度较低、车间一般机加工和常见的工艺方法就可以保证精度的零件；未注公差的精度低于 9 级，不需在图样上注出，加工中一般也不需进行检测。

国家标准将未注几何公差分为 H、K、L 3 个公差等级，精度依次降低。未注公差值按下列规定执行。

（1）对未注直线度、平面度、垂直度、对称度和圆跳动等项目规定了 H、K、L 3 个等级，各项公差的公差数值如表 2-15～表 2-18 所示。采用时，其图样表示法是在标题栏附近或技术要求、技术文件（如企业标准）中注出标准号及公差等级代号，如选用 H 级，则标注为 GB/T 1184—H。

表 2-15　　　　　　　　　　直线度和平面度的未注公差值　　　　　　　（单位：mm）

公差等级	基本长度范围					
	≤10	>10～30	>30～100	>100～300	>300～1 000	>1 000～3 000
H	0.02	0.05	0.1	0.2	0.3	1.6
K	0.05	0.1	0.2	0.4	0.6	0.8
L	0.1	0.2	0.4	0.8	1.2	1.6

表 2-16　　　　　　　　　　　垂直度的未注公差值　　　　　　　　　（单位：mm）

公差等级	基本长度范围			
	≤100	>100～300	>300～1 000	>1 000～3 000
H	0.2	0.3	0.4	0.5
K	0.4	0.6	0.8	1
L	0.6	1	1.5	2

表 2-17　　　　　　　　　　　对称度的未注公差值　　　　　　　　　（单位：mm）

公差等级	基本长度范围			
	≤100	>100～300	>300～1 000	>1 000～3 000
H		0.5		
K		0.6		0.8	1
L	0.6	1	1.5	2

表 2-18　　　　　　圆跳动（径向、轴向和斜向）的未注公差值　　　　（单位：mm）

公差等级	圆跳动的公差值
H	0.1
K	0.2
L	0.5

（2）圆度未注公差值等于其直径公差值；但不能大于表 2-18 中的径向圆跳动值。

（3）圆柱度未注公差值不做规定，由构成圆柱度公差的圆度、直线度和相对素线的平行度的注出或未注公差控制。

（4）平行度未注公差由尺寸公差控制，或用直线度和平面度未注公差中较大者控制。检测时，应取两要素中较长者作为基准，若两要素长度相等则可任选其一为基准。

（5）同轴度未注公差未做规定，可用表 2-16 中径向圆跳动的未注公差值加以控制。

（6）线轮廓度、面轮廓度、倾斜度、位置度和全跳动的未注公差值均不做规定，它们均由各要素的注出或未注的线形尺寸公差或角度公差控制。

零件的几何误差对机械产品的正常工作有很大影响，因此零件的几何精度是评定产品质量的重要技术指标。正确、合理地确定几何公差，对保证产品质量、满足功能要求及提高经济效益十分重要。几何公差的选用是零件精度设计的重要组成部分，选用的内容主要包括 4 方面：公差项目的选择、基准的选择、公差原则的选择和公差等级（公差值）的选择。

2.4.2　几何公差项目选择

几何公差特征项目的选择应考虑零件的结构特征、功能要求，各几何公差项目的特点、检测方便性以及经济性等各方面的因素，经综合分析后确定。

1．考虑零件的结构特征

零件的结构特征是选择被测要素几何公差项目的基本依据。设计时应首先分析零件加工后可能存在的各种几何误差，对其加以必要的限制。例如，圆柱形零件会有圆度、圆柱度误差；圆锥形零件会有圆度和素线直线度误差；阶梯轴、孔零件会有同轴度误差；孔、槽零件会有位置度或对称度误差；导轨、平台等工件会有直线度和平面度误差等。

2．考虑零件的功能要求

在考虑零件结构特征的基础上，分析影响零件使用功能的主要误差项目是哪些，对其必须加以限制。例如，影响车床主轴工作精度的主要误差是前后轴颈的圆柱度误差和同轴度误差；车床导轨的直线度误差影响溜板的运动精度；与滚动轴承内圈配合的轴颈的圆柱度误差和轴肩的端面圆跳动误差影响轴颈与轴承内圈的配合性能及轴承的工作性能与寿命。又如，箱体类零件（如齿轮箱），为保证传动轴正确安装及其上零件的正常传动，应对同轴孔轴线选择同轴度、对平行孔轴线选择平行度；零件间的连接孔、安装孔等，孔与孔之间、孔与基准之间距离误差的控制，一般不用尺寸公差而用位置度公差，以避免尺寸误差的积累等。

3．考虑各几何公差项目的特点

在几何公差的项目中，有单项控制的公差项目，如直线度、平面度、圆度等；还有综合控制的公差项目，如圆柱度、位置公差的各个项目。应该充分发挥综合控制公差项目的功能，这样可以减少图样上给出的几何公差项目，从而减少需检测的几何误差项目。

4．考虑检测方便性以及经济性

应结合生产场地现有检测条件，在满足功能要求的前提下，选用检测简便的项目。例如，对轴类零件，可用径向全跳动综合控制圆柱度、同轴度；用端面全跳动代替端面对轴线的垂直度等。同时在满足功能要求的前提下，选择项目应尽量少，以获得较好的经济效益。

2.4.3 几何公差等级（公差值）的选择

1. 几何公差等级的选择原则

几何公差等级的选择主要考虑零件的使用性能、加工的可能性和经济性等因素。其基本原则：在满足零件使用功能要求的前提下，尽量选用较低公差等级（或较大公差值）。

2. 几何公差等级的选择方法

几何公差等级的选择方法有类比（经验法）和计算法，通常用类比法确定。

在用类比法确定几何公差等级（公差数值）时，应对各项目几何公差不同精度等级的应用情况有所了解，如表 2-19～表 2-22 所示，可供设计时参考。此外还应注意下列情况。

（1）通常，同一要素的形状公差、位置公差和尺寸公差在数值上应满足以下关系式

$$T_{形状} < T_{位置} < T_{尺寸}$$

例如，要求平行的两个表面，一般情况下其平面度公差应小于平行度公差，平行度公差又小于两平面间距离的尺寸公差。

（2）一般情况下，表面粗糙度的 Ra 值占形状公差值的 20%～25%。

（3）考虑零件的结构特点：对于结构复杂、刚性较差或不易加工和测量的零件，如细长轴、薄壁件，大面积平面、远距离孔、轴等，因加工时易产生较大的几何误差，故在满足零件功能要求的前提下，可适当选用低 1～2 级的公差值。

（4）凡有关标准已对几何公差做出规定的，都应按相应标准确定。例如，与滚动轴承相配合的轴颈及箱孔的圆柱度、肩台端面跳动，齿轮箱平行孔轴线的平行度，机床导轨的直线度等。

表 2-19　　　　　　　　　　　直线度、平面度公差等级应用示例

公 差 等 级	应 用 举 例
5 级	1 级平板，2 级宽平尺，平面磨床纵导轨、垂直导轨、立柱导轨和平面磨床的工作台，液压龙门刨床导轨面，转塔车床床身导轨面，柴油机进气、排气阀门导杆
6 级	普通机床导轨面，如卧式车床、龙门刨床、滚齿机、自动车床的床身等的床身导轨、立柱导轨，柴油机壳体
7 级	2 级平板，机床主轴箱、摇臂钻床底座和工作台，镗床工作台、液压泵盖、减速器壳体结合面
8 级	传动箱体、挂轮箱体、车床溜板箱体、柴油机气缸体、连杆分离面、缸盖结合面、汽车发动机缸盖、曲轴箱结合面、液压管件和法兰连接面
9 级	3 级平板，自动车床床身底面、摩托车曲轴箱体、汽车变速箱壳体、手动机械的支撑面

表 2-20　　　　　　　　　　　圆度、圆柱度公差等级应用示例

公 差 等 级	应 用 举 例
5 级	一般的计量仪器主轴、测杆外圆柱面，陀螺仪轴颈，一般车床轴颈及主轴轴承孔，柴油机、汽油机活塞、活塞销，与 6 级滚动轴承配合的轴颈
6 级	仪器端盖外圆柱面，一般车床主轴及前轴承孔，泵、压缩机的活塞、气缸，汽油发动机凸轮轴，纺机锭子，减速器转轴轴颈，高速船用柴油机，拖拉机曲轴主轴颈，与 E 级滚动轴承配合的轴承座孔、千斤顶或压力油缸活塞、机车

续表

公差等级	应用举例
7级	大功率低速柴油机曲轴、轴颈、活塞、活塞销、连杆、气缸，高速柴油机箱体轴承孔，千斤顶或压力油缸活塞，机车传动轴，水泵及通用减速器转轴轴颈，与O级轴承配合的轴承座孔
8级	大功率低速发动机曲柄轴轴颈，压气机连杆盖、连杆体，拖拉机气缸、活塞，炼胶机冷铸轴辊，印刷机传墨辊，内燃机曲轴轴颈，柴油机曲轴轴颈，柴油机凸轮轴承孔、凸轮轴，拖拉机、小型船用柴油机气缸套
9级	空气压缩机缸体，液压传动筒，通用机械杠杆与拉杆用套销子，拖拉机活塞环、套筒孔

表 2-21　　　　　　　　平行度、垂直度、倾斜度公差等级应用示例

公差等级	应用举例
4级，5级	卧式车床导轨，重要支撑面，机床主轴孔对基准的平行度，精密机床重要零件，计量仪器、量具、模具的基准面和工作面，床头箱体重要孔，通用机械减速器壳体孔，齿轮泵的油孔端面，发动机轴和离合器的凸缘，气缸支撑端面，安装精密滚动轴承的壳体孔的凸肩
6级，7级，8级	一般机床的基面和工作面，压力机和锻锤的工作面，中等精度钻模的工作面，机床一般轴承孔对基准面的平行度，变速器箱体孔，主轴花键对定心部位轴线的平行度，重型机械轴承盖端面，卷扬机，手动传动装置中的传动轴，一般导轨，主轴箱体孔，刀架，砂轮架，气缸配合面对基准轴线，活塞销孔对活塞中心线的垂直度，滚动轴承内、外圈端面对轴承的垂直度
9级，10级	低精度零件，重型机械滚动轴承端盖，柴油机、煤气发动机箱体曲轴孔，曲轴颈，花键轴和轴肩端面，皮带运输机法兰盘等端面对轴线的垂直度，手动卷扬机及传动装置中的轴承端面、减速器壳体平面

表 2-22　　　　　　　　同轴度、对称度、跳动公差等级应用示例

公差等级	应用举例
5级，6级，7级	这是应用范围较广的公差等级。用于几何精度要求较高、尺寸公差等级为IT8及高于IT8的零件。5级常用于机床轴颈，计量仪器的测量杆，汽轮机主轴，柱塞油泵转子，高精度滚动轴承外圈，一般精度滚动轴承内圈，回转工作台端面跳动。7级用于内燃机曲轴、凸轮轴，齿轮轴，水泵轴，汽车后轮输出轴，电动机转子，印刷机传墨辊的轴颈，键槽
8级，9级	其常用于几何精度要求一般、尺寸公差等级IT9～IT11的零件。8级用于拖拉机发动机分配轴轴颈，与9级精度以下齿轮相配的轴，水泵叶轮，离心泵体，棉花精梳机前后滚子，键槽等。9级用于内燃机气缸套配合面，自行车中轴

2.5 几何误差的评定与检测

2.5.1　几何误差的评定

1. 几何误差的评定内容

几何公差的研究对象是具有几何特征的要素，对实际要素的形状和位置误差的评定与尺寸

误差的极限制评定方法完全不同。几何误差是采用包容制进行评定的，即被测要素几何误差的大小，是以一个由被测要素的拟合要素形成的包容被测提取要素的区域的大小来评定的。

评定几何误差时，拟合要素或体现拟合要素的量具摆放的位置不同，测得误差的结果也不同，如图 2-16 所示。因此，国家标准规定：在评定几何误差时，拟合要素的位置按最小条件确定。

图 2-16（a）所示表明 $\phi20$mm 轴有素线直线度公差要求，测量直线度误差时，测量截面内理想直线相对零件实际廓线可有多种摆放位置，形成多个包容区域，如图 2-16 所示的 3 种摆放位置 A_1—B_1、A_2—B_2、A_3—B_3 中，A_1—B_1（过实际轮廓上的最高点）与其平行线（过实际轮廓上的两个最低点）所组成的两理想直线包容区域，相比之下其宽度 h_1 最小，h_1 就是直线度误差。

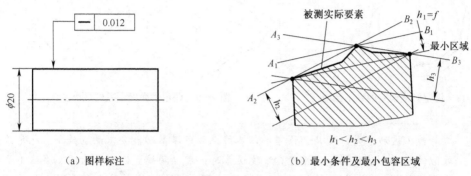

（a）图样标注　　　　　（b）最小条件及最小包容区域

图 2-16　平面内实际廓线对理想直线变动量的最小条件及最小包容区域

2. 几何误差的评定准则——最小条件

最小条件是指用拟合要素包容被测提取要素时，应使被测提取要素相对拟合要素的最大变动量为最小，即使拟合要素与被测提取要素相接触、形成最小包容区域（简称最小区域）。

这一变动量，即最小包容区域的大小（宽度或直径），就是几何误差值，因此要获得正确的几何误差值，就是要在测量时确定合理的最小区域。不同项目、被测提取要素的最小包容区域可按判别准则判定。

3. 几何误差的最小包容区域

（1）评定几何误差的最小区域。几何误差是单一实际要素相对其拟合要素的变动量。几何误差评定的最小区域是与相应公差项目的公差带形状相同、包容实际被测要素且具有最小宽度或直径的区域；其宽度或直径就是其形状误差值。实际生产中最多见的形状误差测量，其最小区域可按下列准则判别。

① 测量平面内直线度误差：包容实际廓线的两理想直线必须与实际廓线形成至少两高一低（或两低一高）且高低相间的接触形式，所形成的区域才是最小区域，也称为相间准则，如图 2-17 所示。

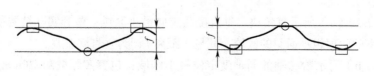

图 2-17　评定平面内直线度误差的最小区域

② 测量圆度误差：包容实际圆轮廓的两理想同心圆必须与被测实际圆轮廓形成至少有 4 点内外交替的接触形式，所形成的区域才是最小区域，也称为相间准则，如图 2-18 所示。

③ 测量平面度误差：包容区域为两理想平行平面间的区域，被测实际平面至少有 4 点分别与其相接触。这又分为两种情况：三点与一面、一点与另一面接触，但一点的投影应落在 3 点形成的三角形内（三角形准则）；两点分别与两面接触，但两点连线应交叉（交叉准则），如图 2-19 所示。

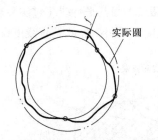

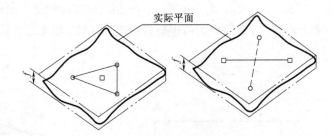

图 2-18　评定圆度误差的最小区域　　　　图 2-19　评定平面度误差的最小区域

　　最小区域法是评定几何误差的基本方法。在满足功能要求的前提下，也允许采用近似的评定方法。例如，评定直线度误差时，常以两端点连线作为理想直线（两端点连线法）；评定圆度误差时，常以最小二乘圆作为拟合圆（最小二乘圆法）等。用近似方法评定得到的形状误差值一般大于用最小区域法评定得到的误差值。当采用不同评定方法得到不同误差值而引起争议时，应以最小区域法评定的误差值作为仲裁依据。

（2）评定位置误差的最小区域。位置误差是关联实际要素相对其拟合要素的变动量，拟合要素的方向和位置由其基准决定。评定位置误差的最小区域是与相应项目公差带形状相同、与基准保持给定的几何关系（定向或定位）的实际被测要素包容区域；其宽度或直径就是其位置误差值。很明显，它与评定形状误差的最小区域的区别是：其与基准必须保持给定的定向或定位几何关系，故称为定向或定位最小区域（见图 2-20）。

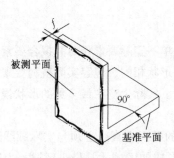

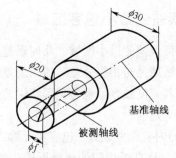

（a）评定垂直度误差的定向最小区域　　（b）评定同轴度误差的定向最小区域

图 2-20　评定位置误差的最小区域

例如，图 2-20（a）所示直角块，垂直度的定向最小区域：包容实际被测平面且与基准平面保持垂直关系的两理想平面间的区域，其最小距离 f 即为垂直度误差。

如图 2-20（b）所示阶梯轴的同轴度定位最小区域：包容实际被测 $\phi20$mm 轴线且以基准 $\phi30$mm 轴线为轴线的圆柱面内的区域，其最小直径 ϕf 即为同轴度误差。

评定位置误差的基准应该是拟合要素，但由于它也是经实际加工形成的，本身也存在误差，故也应要求其符合最小条件。在实际检测中，通常用形状足够精确的表面来模拟基准。例如，可用平台、平板模拟基准平面；用可胀式芯轴模拟孔的基准轴线；用 V 形铁来体现轴的基准轴线等。

2.5.2　几何误差的检测原则

　　由于几何误差的项目较多，实际零件的结构形式多样，因此实际生产中用的检测方法也多种多样。为了能够获得合理、正确的检测效果，国家标准把生产实际中行之有效的检测方法进行概括，归纳为以下 5 种检测原则。

1. 与拟合要素比较原则

　　与拟合要素比较原则是指将被测提取要素与拟合要素相比较，用直接法或间接法测出其几何误差值。

　　这是一条基本原则，许多几何公差的检测都应用这条原则。但在实际测量中绝对的拟合要素是不存在的，因此在实际测量中拟合要素常用模拟方法来体现，具体方法有以下两种。

　　（1）以数据模拟体现。例如，测量平面度误差，在被测平面上有规律地排列测点位置，用指示表测得各测点数据，然后用数学方法通过计算模拟出理想平面。

　　（2）以实物模拟体现。例如，以平板模拟平面，以样板的轮廓线模拟理想轮廓线，以刀口尺的刃口、一束光束、大地水平线等模拟理想直线等。

2. 测量坐标值原则

　　测量坐标值原则是指测量被测提取要素的坐标值，经过数据处理后获得几何误差值。该原则多用于轮廓度、位置度的测量。

3. 测量特征参数原则

　　测量特征参数原则是指测量被测提取要素上具有代表性的参数来近似表示几何误差值。

　　按特征参数评定几何误差是一种近似的测量方法，但因其操作简便且在生产中易于进行，故应用较为普遍。例如，壁厚检验孔的对称度误差，就是取壁厚作为特征参数进行测量的；又如测量圆形零件的半径变动量检验圆度误差，是以半径为圆度误差的特征参数等。

4. 测量跳动原则

　　测量跳动原则即测量跳动误差的原则，是将被测提取要素绕基准轴线回转，测得指示器最大读数与最小读数之差，即是跳动误差。跳动公差是按测量方法定义的项目，其检测既经济又简便，在实际生产中常用跳动误差来代替一些成本高且难度大的几何误差测量项目。

5. 控制实效边界原则

　　控制实效边界原则，是检验被测提取要素是否超出实效边界，以判断零件合格与否。此原则适用于采用最大实体要求的场合。

一般采用综合量规来进行检验，其检验原理：综合量规的测量面尺寸是按被测提取要素的最大实体尺寸制造的，其位置接近实效边界，量规通过被测提取要素，表明被测提取要素在实效边界范围内，产品合格；量规不能通过被测提取要素，则不合格。

图 2-21 所示为用孔用综合量规检验零件小端孔相对于大端孔轴线同轴度合格性的示例。

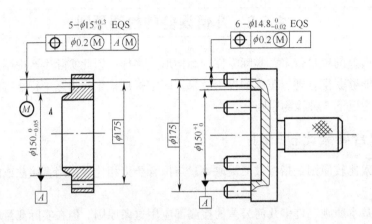

图 2-21　用综合量规（孔用）测量位置度误差

2.5.3　几何误差的检测

考虑到在实际生产中检测的方便性和实用性，国家标准规定，除跳动公差外的几何误差值，均可按其最小区域确定，不限测量方法。因此在实际测量中，应将 5 条检测原则作为理论依据，根据零件的具体情况选择恰当合理的检测方法。下面是一些常见几何误差检测方法示例。

1. 直线度误差检测

（1）光隙法（直接测量）。光隙法适用于经磨削后的较短平面，在给定方向上的直线度误差测量。其使用器具：刀口尺和塞尺。如图 2-22 所示，刀口尺的刃口体现理想直线。测量时，将刃口与被测直线相接触，用肉眼观察透光量的情况，当最大光隙为最小时（最小条件），即为直线度误差。

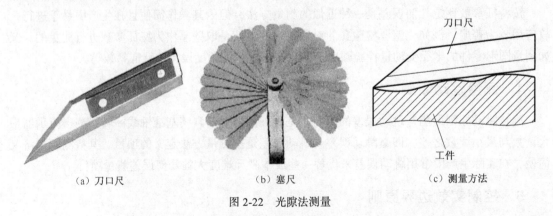

（a）刀口尺　　　　　　　（b）塞尺　　　　　　　（c）测量方法

图 2-22　光隙法测量

（2）节距法（间接测量）。节距法适用于计量时对较长零件表面直线度的测量。

图 2-23 所示为用水平仪按节距法测量某导轨直线度误差的实例。测量时需将被测导轨按一定的节距等分，得到若干等距测点；然后利用桥板、水平仪依次顺序测量后点相对前点的高度差；经数据处理后，用作图法得到直线度误差值。

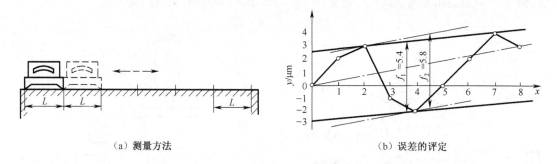

（a）测量方法　　　　　　　　　　　　　　（b）误差的评定

图 2-23　用水平仪按节距法测量导轨直线度误差

【例 2-1】　　如图 2-23（a）所示，用水平仪测量某导轨（在铅垂面内）的直线度误差，测得数据如表 2-23 所示（已换算成以 μm 为单位）。试用作图法求直线度误差。

解：水平仪按节距法测量是以水平面为测量基准（模拟理想平面）顺序测量导轨上后一点相对于前一点的高度差。所以，应先将各测点的读数值换算到同一坐标系。为此，可取导轨的起始测点（第 0 点）为原点，令其纵坐标为零，则其余各测点的纵坐标值可按逐点累计的方法得到，如表 2-23 所示。

表 2-23　　　　　　　　　　　导轨直线度误差数据处理表　　　　　　　　　　（单位：μm）

测点序号	0	1	2	3	4	5	6	7	8
读数值	0	+2	+1	−4	−1	+2	+2	+2	−1
累计值	0	+2	+3	−1	−2	O	+2	+4	+3

以横坐标为被测提取要素的长度（坐标为点序），纵坐标为各测点处的高度偏差值（累计值）。为方便起见，作图时被测提取要素的长度通常取缩小的比例，而反映各测点处偏差值的纵坐标必须采用放大的比例才能在图上表示清楚。因此，在图上横、纵坐标的比例并不相同，如图 2-23（b）所示。在图上描出各点坐标位置后顺序连接得到误差折线（可视为被测线）。

（1）按直线度误差最小区域判别法评定：在折线图上，过两个最高点（2，+3）和（7，+4）作一直线，再过最低点（4，−2）作上述直线的平行线。这两条平行线之间沿纵坐标方向的距离 f_1 即为按最小区域法评定的直线度误差值，从图上可量得 f_1=5.4μm。

（2）按两端点连线法评定：过两端测点（0，0）和（8，+3）作一直线，再分别过与此直线上、下相距最远的两点（2，+3）和（4，−2）作两端点连线的两条平行线。这两条平行线间沿纵坐标方向的距离即为按两端点连线法评定的直线度误差值。从图上可量得 f_2=5.8μm。

2. 平面度误差检测

平面度误差检测使用的器具：平板、支承、带支架的指示表等。测量时将被测平面支撑在平板上（作为测量基准），用指示表测量被测平面上具有代表性的测点的数值如图 2-24 所示，再用适当的方法评定出平面度误差值。

3. 圆度、圆柱度误差检测

圆度、圆柱度误差的检测方法分为两类：一类是用专用量仪进行测量，如圆度仪、坐标测量仪等；另一类是用通用量具进行测量。图 2-25 所示为用圆度仪测量圆度误差。

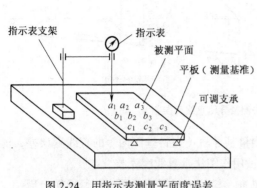

图 2-24　用指示表测量平面度误差

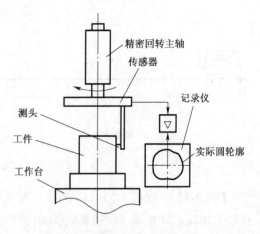

图 2-25　用圆度仪测量圆度误差

4. 平行度误差检测

平行度误差检测使用的器具：平板、带支架的指示表、可胀式心轴、V形架等。

（1）面对面平行度误差检测。如图 2-26（a）所示，将被测零件放置在平板（模拟为基准）上，使指示表测头在被测表面上多点位移动，指示表最大值与最小值之差即为零件上表面相对于底面的平行度误差。

$$f_{//} = |\, M_{max} - M_{min} \,| \tag{2-1}$$

（2）线对面平行度误差检测。如图 2-26（b）所示，将被测零件（长度为 L_1）放置在平板上，被测轴线由可胀式心轴模拟，将指示表测头置于铅垂轴截面内测量距离为 L_2 的两位置处，测得读数分别为 M_1 和 M_2，则轴线相对于底面的平行度误差为

$$f_{//} = |\, M_1 - M_2 \,| \frac{L_1}{L_2} \tag{2-2}$$

（3）线对线平行度误差检测。根据检测方向分为以下 3 种。

① 要求一个方向：被测零件如图 2-26（c）所示放置，被测轴线 $I—I$（长度为 L_1）和基准轴线 $O—O$ 均由可胀式心轴模拟，将指示表测头置于被测心轴铅垂轴截面内测量距离为 L_2 的两位置处，测得读数分别为 M_1 和 M_2，则被测轴线 $I—I$ 相对于基准轴线 $O—O$ 在 Y 方向的平行度误差为

$$f_{//Y} = |\, M_1 - M_2 \,| \frac{L_1}{L_2} \tag{2-3}$$

② 要求互相垂直两个方向：首先测出 $f_{//Y}$ 后，再如图 2-46（d）所示进行 X 方向测量，得

$$f_{//X} = |\, M_1 - M_2 \,| \frac{L_1}{L_2} \tag{2-4}$$

$f_{//X}$ 和 $f_{//Y}$ 分别不超差，零件合格。

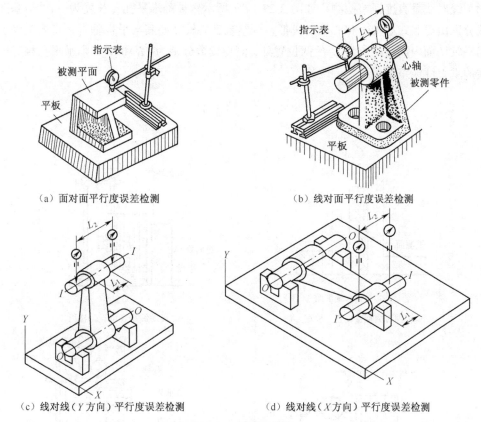

（a）面对面平行度误差检测　　　　　　（b）线对面平行度误差检测

（c）线对线（Y方向）平行度误差检测　　　　（d）线对线（X方向）平行度误差检测

图 2-26　平行度检测

③ 要求任意方向：按上述方法分别测出 $f_{//X}$ 和 $f_{//Y}$ 后，计算得

$$f_{//} = \sqrt{f_{//X}^2 + f_{//Y}^2} \tag{2-5}$$

5. 垂直度误差检测

垂直度误差检测使用的器具：平板、精密直角尺、塞尺、转台、直角座、带支架的指示表、可胀式心轴等。

（1）面对面垂直度误差检测。如图 2-27（a）所示，将被测零件放置在平板上（模拟基准），将精密直角尺短边置于平板上，长边（模拟理想平面）靠在被测平面上，用塞尺测量二者之间最大间隙，其数值即为被测平面相对于底面的垂直度误差。

（2）面对线垂直度误差检测。如图 2-27（b）所示，将被测零件放置在导向块内，基准轴线由导向块模拟，用指示表测量被测上表面，其最大值与最小值之差即为零件表面相对于基准轴线的垂直度误差。

（3）线对面垂直度误差检测。如图 2-27（c）所示，将被测零件放置在转台（其底面模拟基准平面）上，并使被测零件轴线与转台轴线同轴，使转台旋转，同时测头沿零件轴向移动，最大读数差值的一半即为被测零件轴线相对于底面的垂直度误差。

$$f_{\perp} = \frac{1}{2} \left(M_{\max} - M_{\min} \right) \tag{2-6}$$

（4）线对线垂直度误差检测。如图 2-27（d）所示，被测水平孔（长度为 L_1）与基准竖直孔轴线分别由可胀式心轴 1 和心轴 2 模拟，调整基准心轴 2 使其与平板垂直，将测头置于被测心轴铅垂轴切面内测量距离为 L_2 的两位置处，测得读数分别为 M_1 和 M_2，则水平孔相对于竖直孔轴线的垂直度误差是

$$f_\perp = |M_1 - M_2| \frac{L_1}{L_2} \tag{2-7}$$

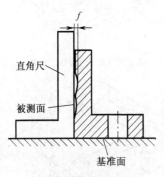

（a）面对面垂直度误差检测

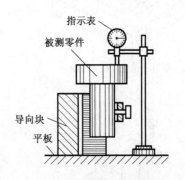

（b）面对线垂直度误差检测

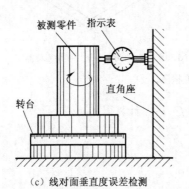

（c）线对面垂直度误差检测

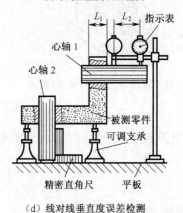

（d）线对线垂直度误差检测

图 2-27　垂直度误差检测

6．对称度误差检测

对称度误差检测使用的器具：平板、带支架的指示表等。

如图 2-28 所示，将零件放置在平板上，测量①槽面上各测点的高度。然后翻转零件，测量②槽面上各对应点的高度，各对应两测点数值的最大差值即为槽两侧面相对于零件中心平面的对称度误差。

7．同轴度误差检测

同轴度误差检测使用的器具：心轴、V 形铁、顶尖座、带支架的指示表等。

（1）阶梯轴零件。如图 2-29（a）所示，将阶梯轴零件的两端（作为公共基准）放置在两个等高的 V 形铁上，将装在支架上的两

图 2-28　对称度误差检测

个相对指示表的测头调整在零件中间被测部分的铅垂轴截面内，并沿轴向移动，最大读数差值即为该截面内中间阶梯轴部分相对于两端部分的同轴度误差。

$$f_◎ = \mid M_1 - M_2 \mid \tag{2-8}$$

转动零件，测量若干个轴截面，最大读数差值为中间阶梯轴部分相对于两端部分的同轴度误差。

（2）套类零件。如图 2-29（b）所示，将套类零件通过可胀式心轴上装在两同轴顶尖（中心线体现基准轴线）之间，将指示表的测头调整在零件铅垂轴截面内。测量时，零件连续旋转，同时指示表沿轴向移动，最大读数差值即为轴套孔轴线相对于基准轴线的同轴度误差。

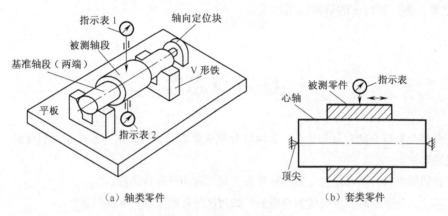

（a）轴类零件　　　　　　　　　　　　（b）套类零件

图 2-29　同轴度误差检测

8. 跳动误差检测

跳动误差检测使用的器具：平板、V 形铁、定位套、带支架的指示表等。

跳动公差测量的对象仅是轴、套类零件，基准是零件轴线。

（1）测量径向跳动。如图 2-30（a）所示，将被测轴装在两同轴顶尖（中心线体现基准轴线）之间，将指示表的测头调整在零件铅垂轴截面内。当被测轴回转一周时，指示表读数的最大值与最小值之差，即是径向圆跳动误差。

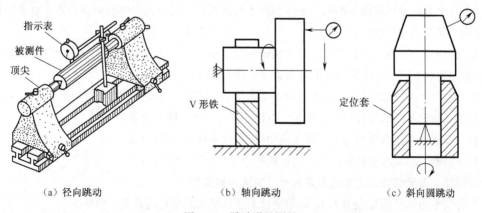

（a）径向跳动　　　　　　　（b）轴向跳动　　　　　　　（c）斜向圆跳动

图 2-30　跳动误差测量

零件连续旋转，同时指示表沿轴向匀速移动，指示表读数的最大值与最小值之差，即是径向全跳动误差。

（2）测量轴向跳动。如图 2-30（b）所示，将被测轴放置在 V 形铁上，左端用顶尖顶住，指示表测头（平行于轴线）置在右端面距圆心为 R 处，当被测轴回转一周时，指示表读数的最大值与最小值之差，即是距圆心为 R 处的轴向圆跳动误差。

零件连续旋转，同时指示表沿半径线向圆心匀速移动，指示表的最大与最小读数之差，即是轴向全跳动误差。

（3）测量斜向圆跳动。如图 2-30（c）所示，将被测锥轴放置在定位套中，下端用顶尖顶住，指示表测头（垂直于母线）置在圆锥面上。当被测轴回转一周时，指示表读数的最大值与最小值之差，即是圆锥面的斜向圆跳动误差。

练习与思考

（1）几何公差研究的对象是什么？如何区分组成要素和导出要素、公称要素和提取要素、单一要素和关联要素？

（2）试说明形状公差和位置公差各有几项，其名称和符号各是什么？

（3）标注几何公差时，指引线如何指引？如何区分被测要素和基准要素？

（4）什么是几何公差带？构成几何公差带的要素有哪些？几何公差带的形状如何确定？形状公差带的哪些要素是随被测提取要素浮动的？

（5）比较下列每两项几何公差的公差带有何异同？

① 圆柱面素线直线度和圆柱面轴线直线度的公差带。

② 同一表面的平面度和平行度的公差带。

③ 圆度和圆柱度的公差带。

④ 轴向对轴线的垂直度和轴向全跳动的公差带。

⑤ 圆柱度和径向全跳动的公差带。

（6）被测要素的几何公差值前什么时候需要加 ϕ?

（7）什么是评定几何误差的最小条件和最小包容区域？最小包容区域由哪些要素组成？其与几何公差带有何区别与联系？

（8）说明独立原则、包容要求、最大实体要求、最小实体要求和可逆要求的含义，如何在图样上表示这些公差原则？设计时，它们分别适用于什么场合？

（9）实际尺寸、作用尺寸、最大和最小实体尺寸、实效尺寸等尺寸之间有何区别和联系？

（10）几何公差值的选择原则是什么？具体选择时应考虑哪些情况？

（11）图样上未注明几何公差的要素应如何理解？图样上如何表示？

（12）判断下列说法是否正确（对的在括号中打"√"，错的打"×"）。

① 图样上有形状公差要求的要素为单一被测公称要素。　　　　　　　　　　（　　）

② 若某平面的平面度误差为 f，则该平面对基准平面的平行度误差一般小于 f。（　　）

③ 公差原则是确定尺寸公差与几何公差之间相互关系的原则。　　　　　　　（　　）

④ 最大实体要求、最小实体要求都既可用于导出要素，也可用于组成要素。　（　　）

⑤ 在满足零件功能的前提下，应尽可能选取较大的公差值。　　　　　　　　（　　）

（13）将下列各项几何公差要求标注在图 2-31 所示的图形上。

① $\phi 5^{+0.05}_{-0.03}$ mm 孔的圆度公差值为 0.004mm，圆柱度公差值 0.006mm。

② B 面的平面度公差值为 0.008mm，B 面对 C 面的平行度公差值为 0.03mm。

③ 平面 F 对 $\phi 5^{+0.05}_{-0.03}$ mm 孔轴线的端面圆跳动公差值为 0.02mm。

④ $\phi 18^{-0.05}_{-0.10}$ mm 的外圆柱面轴线对 $\phi 5^{+0.05}_{-0.03}$ mm 孔轴线的同轴度公差值为 0.08mm。

⑤ 90°30″ 密封锥面 G 的圆度公差值为 0.002 5mm，G 面的轴线对 $\phi 5^{+0.05}_{-0.03}$ mm 孔轴线的同轴度公差值为 0.012mm。

⑥ $\phi 12^{-0.15}_{-0.26}$ mm 外圆柱面轴线对 $\phi 5^{+0.05}_{-0.03}$ mm 孔轴线的同轴度公差值为 0.08mm。

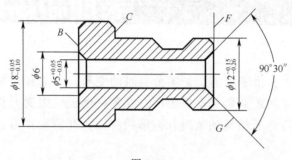

图 2-31

第3章

表面粗糙度及评定

认识表面粗糙度

在切削加工过程中，由于刀痕，切屑分离时的变形，刀具和已加工表面间的摩擦及工艺系统的高频振动等原因，在零件已加工表面上总会出现较小间距和微小峰谷所组成的微观几何形状特征，此特征称为表面粗糙度。

3.1 | 表面粗糙度的概念

表面粗糙度反映的是实际表面几何形状误差的微观特性。在放大镜和显微镜下观察，可以看到高低不平的状况，凸起的部分称为峰，凹陷的部分称为谷，如图 3-1 所示。

零件表面存在的几何形状误差，除表面粗糙度外，还有宏观几何形状误差（也称为形状误差）和微观几何形状误差（也称为表面波度）之分。通常，当波距小于 1mm 时属于表面粗糙度，波距大于 10mm 时属于形状误差，波距在 1～10mm 时属于表面波度，如图 3-2 所示。

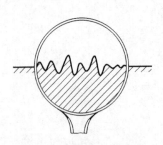

图 3-1　表面粗糙度示意图

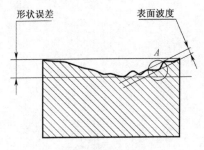

图 3-2　表面波度

表面粗糙度会影响零件的耐磨性、强度和抗腐蚀性，还会影响配合性质的稳定性。

表面越粗糙，摩擦系数越大，摩擦阻力也越大，零件配合表面的磨损就越快。对于间隙配合，粗糙的表面会因峰顶很快磨损而使间隙逐渐加大；对于过盈配合，因装配表面的峰顶被挤平，使实际有效过盈减小，降低连接强度。表面越粗糙，表面微观不平的凹痕就越深，交变应力作用下的应力集中就会越严重，越容易造成零件抗疲劳强度的降低，导致失效；腐蚀性气体或液体越易在谷底处聚集，并通过表面微观凹谷渗入到金属内层，造成表面锈蚀。在接触刚度方面，表面越粗糙，表面间接触面积越小，导致单位面积受力增大，造成峰顶处的塑性变形加剧，接触刚度下降，影响机器的工作精度和平稳性。

3.2 表面粗糙度的评定标准

3.2.1 基本术语

我国现行的表面粗糙度标准有 GB/T 16747—2009《产品几何技术规范（GPS）表面结构 轮廓法 表面波纹度词汇》。

1. 实际轮廓（表面轮廓）

实际轮廓是由一个指定平面与实际表面相交所得的轮廓线。

按相截方向的不同，它又可分为横向实际轮廓和纵向实际轮廓。在评定表面粗糙度时，除非特别指明，通常均指横向实际轮廓，即垂直于加工纹理方向的平面与实际表面相交所得的轮廓线，如图 3-3 所示。在这条轮廓线上测得的表面粗糙度数值最大。对车削、刨削等加工来说，这条轮廓线反映出切削刀痕及背吃刀量引起的表面粗糙度。

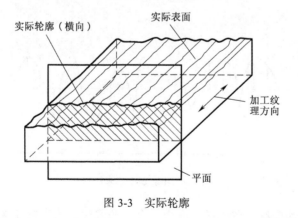

图 3-3　实际轮廓

2. 取样长度

取样长度（lr）是指用于判别具有表面粗糙度特征的一段基准线长度，规定取样长度的目的是限制和减弱表面波度对测量结果的影响，如图 3-4 所示。标准规定取样长度按表面粗糙程度合理取值，通常应包含至少 5 个轮廓峰和轮廓谷。

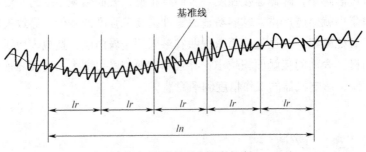

图 3-4　取样长度和评定长度

3. 评定长度

在评定表面粗糙度时所规定的一段长度称为评定长度（ln）（见图 3-4）。评定长度可包含一个或几个取样长度，以便充分反映整个表面的粗糙度特征。对加工痕迹均匀的表面，其评定长度可取短些，反之宜取长些。在各取样长度范围内测量表面粗糙度，取各测量结果的算术平均值评定其表面粗糙度。

4. 基准线

基准线（中线 m）是用以评定表面粗糙度参数大小所规定的一条参考线，以此来作为评定表面粗糙度参数大小的基准。

基准线有如下两种。

（1）轮廓最小二乘中线。在取样长度内，使轮廓上各点至一条假想线距离的平方和为最小，这条假想线就是最小二乘中线，如图 3-5 所示，即

$$Z_{\min} = \int_0^l RZ^2 \mathrm{d}x \qquad (3-1)$$

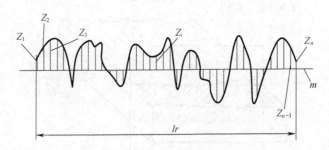

图 3-5　轮廓最小二乘中线

（2）轮廓算术平均中线。在取样长度内，由一条假想线将实际轮廓分为上下两部分，而且使上部分面积之和等于下部分面积之和。这条假想线就是轮廓算术平均中线，如图 3-6 所示。

国标规定：一般以最小二乘中线作为基准线。但是，轮廓的算术平均中线在测得的实际轮廓图上用作图法便于求出，这可以简化最小二乘中线位置的复杂计算，因此，常用它来代替轮廓的最小二乘中线。

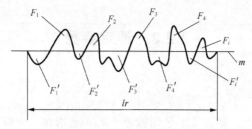

图 3-6　轮廓算术平均中线

5．轮廓单元

轮廓单元（Xs）即一个轮廓峰和其相邻的一个轮廓谷的组合，如图 3-7 所示。

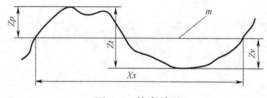

图 3-7　轮廓单元

6．轮廓峰高

轮廓峰高（Zp）即轮廓最高点距中线的距离，如图 3-7 所示。

7．轮廓谷深

轮廓谷深（Zv）即中线与轮廓最低点之间的距离，如图 3-7 所示。

8．轮廓单元的高度

轮廓单元的高度（Zt）即一个轮廓单元的峰高和谷深之和，如图 3-7 所示。

9．轮廓单元的宽度

轮廓单元的宽度（Xs）即中线与轮廓单元相交线段的长度，如图 3-7 所示。

10．在水平位置 c 上轮廓的实体材料长度

在水平位置 c 上轮廓的实体材料长度 $Ml(c)$，指在一个给定水平位置 c 上用一条平行于中线的线与轮廓单元相截所获得的各段截线长度之和，c 为轮廓偏距，如图 3-8 所示。

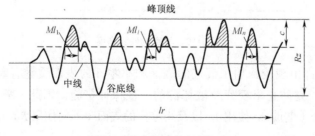

图 3-8　轮廓的实体材料长度

3.2.2 评定参数

1. 幅度参数

（1）轮廓算术平均偏差。轮廓算术平均偏差（Ra）是指在一个取样长度 lr 内，轮廓上各点至基准线的距离的绝对值的算术平均值，如图 3-9 所示。其数学表达式为

$$Ra = \frac{1}{lr} \int_0^{lr} Z(x)\, \mathrm{d}x \qquad (3-2)$$

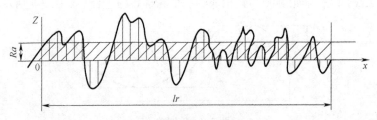

图 3-9　轮廓算术平均偏差

Ra 值越大，表面越粗糙。参数 Ra 客观地反映了零件实际表面的微观不平程度，并且测量方便，因而被标准定为首选参数，在生产中广泛采用。Ra 的数值如表 3-1 所示。

表 3-1			Ra 的数值			（单位：μm）
Ra	0.012 1.6	0.025 3.2	0.05 6.3	0.1 12.5	0.2 25	0.4 50	0.8 100

（2）轮廓的最大高度。轮廓的最大高度（Rz）是指在一个取样长度 lr 内，最大轮廓峰高 Zp 和最大轮廓谷深 Zv 之间的高度，如图 3-10 所示。

$$Rz = |Zp_{\max}| + |Zv_{\max}|$$

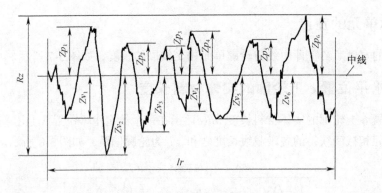

图 3-10　轮廓的最大高度

Rz 参数对不允许出现较深加工痕迹的表面和小零件的表面质量有着实际意义，尤其是在交变载荷作用下，是防止出现疲劳破坏源的一项保证措施。因此，Rz 参数主要应用于有交变载荷作用的场合（辅助 Ra 使用），以及小零件的表面（不便使用 Ra）。Rz 的数值如表 3-2 所示。

表 3-2			Rz 的数值			（单位：μm）
Rz	0.025 1.6 100	0.05 3.2 200	0.1 6.3 400	0.2 12.5 800	0.4 25 1 600	0.8 50

2．间距参数

轮廓单元的平均宽度（Rsm）：在取样长度内，轮廓单元宽度 Xs 的平均值，用公式表示为

$$Rsm = \frac{1}{m} \sum_{i=1}^{m} Xs_i$$

Rsm 的数值如表 3-3 所示。

表 3-3			Rsm 的数值			（单位：mm）
Rsm	0.006 0.4	0.012 5 0.8	0.025 1.6	0.05 3.2	0.1 6.3	0.2 12.5

3．形状特性参数

轮廓的支承长度率 $Rmr(c)$：在给定水平位置上，轮廓的实体材料长度 $Ml(c)$ 与评定长度 ln 的比率，用公式表示为

$$Rmr(c) = \frac{Ml(c)}{ln} = \frac{\sum_{i=1}^{n} b_i}{ln}$$

$Rmr(c)$ 值是对应于不同水平截距 c 而给出的。水平截距 c 是从峰顶线开始计算的。给出 $Rmr(c)$ 参数时，必须同时给出轮廓水平截距 c 值。$Rmr(c)$ 的数值如表 3-4 所示。

表 3-4				$Rmr(c)$的数值						
$Rmr(c)$	10	15	20	25	30	40	50	60	70	80	90

国家标准 GB/T 1031—2009 规定，幅度参数是基本评定参数，而间距和形状特性参数为附加评定参数。

3.3
表面粗糙度参数值的选择及标注

对零件表面粗糙度进行合理地选择，主要是指评定参数的选择和参数值的确定。选择原则是在满足零件表面功能要求的同时，应保证加工工艺的经济性。选择的方法有计算法、试验法和类比法。

3.3.1 表面粗糙度评定参数的选择

在表面粗糙度评定参数中，Ra、Rz 两个幅度参数为基本参数，Rsm、$Rmr(c)$为两个附加参

数。这些参数分别从不同角度反映了零件的表面特征，但都存在着不同程度的不完整性。因此，在选用时要根据零件的功能要求、材料性能、结构特点及测量条件等情况适当选择一个或几个评定参数。其选择原则如下。

① 如没有特殊要求，一般选用幅度参数。

当 $Ra=0.025\sim6.3\mu m$ 时，优先选用 Ra，因为在该范围内用轮廓仪能很方便地测出 Ra 的实际值。当 $Ra>6.3\mu m$ 和 $Ra<0.025\mu m$ 时，即表面过于粗糙或过于光滑时，用光切显微镜和干涉显微镜测量很方便，多采用 Rz。

当表面不允许出现较深加工痕迹时，为防止应力过于集中，或要求保证零件的抗疲劳强度和密封性时，须选用 Rz。

② 附加参数一般不单独使用，对有特殊要求的少数零件的重要表面，需要控制 Rsm 的数值；对于有较高支承刚度和耐磨性的表面，应规定 $Rmr(c)$ 参数。

3.3.2　类比法选择表面粗糙度评定参数

用类比法选择表面粗糙度参数时，应注意以下原则。

（1）在满足零件表面使用功能的前提下，尽可能选用较大的参数值。

（2）同一零件上工作表面应比非工作表面参数值小。

（3）在一般情况下，摩擦表面比非摩擦表面参数值小，滚动摩擦比滑动摩擦表面参数值小。

（4）运动速度高、承受载荷大，承受交变载荷以及容易产生应力集中的部位，如圆角、沟槽等处，参数值要小。

（5）防腐性、密封性要求高时，其参数值要小。

（6）配合性质要求稳定时，参数值应小；配合性质相同时，小尺寸比大尺寸的参数值小。

（7）尺寸精度、几何精度要求高时，应取小的参数值；公差等级相同时，轴比孔的参数值小；对于手柄、手轮等外观要求高的零件，尺寸精度虽然低但参数值要小。

表面粗糙度的表面微观特征、相应的参数值、经济加工方法及应用举例如表 3-5 所示，与尺寸公差和形状公差的关系如表 3-6 所示；与公差等级相应的表面粗糙度数值如表 3-7 所示，供类比法选择时参考。

表 3-5　表面粗糙度的表面微观特征、经济加工方法及应用举例

表面微观性		$Ra/\mu m$	$Rz/\mu m$	加 工 方 法	应 用 举 例
粗糙表面	可见刀痕	>20～40	>80～160	粗车、粗刨、粗铣、钻、毛挫、锯断	半成品粗加工过的表面，如轴端面、倒角、钻孔、齿轮带轮侧面、键槽底面、垫圈接触面
	微见刀痕	>10～20	>40～80		
半光表面	可见加工痕迹	>5～10	>20～40	车、刨、铣、镗、钻、粗铰	轴上不安装轴承、齿轮处的非配合表面，紧固件的自由装配表面，轴和孔的退刀槽等
	微见加工痕迹	>2.5～5	>10～20	车、刨、铣、镗、磨、拉、粗刮、滚压	半径加工表面，箱体、支架、盖面、套筒等和其他零件结合而无配合要求的表面，需要法兰的表面
	看不清加工痕迹	>1.25～2.5	>6.3～10	车、刨、铣、镗、磨、拉、粗刮、铣齿	接近于精加工表面、箱体上安装轴承的镗孔表面、齿轮的工作面

表面微观性		$Ra/\mu m$	$Rz/\mu m$	加 工 方 法	应 用 举 例
光 表 面	可辨加工痕 迹方向	$> 0.63\sim1.25$	$> 3.2\sim6.3$	车、镗、磨、拉、刮、 精铰、磨齿、滚压	圆柱销、圆锥销,与滚动轴承 配合的表面,卧式车床导轨面, 内、外花键定心表面等
	微辨加工痕 迹方向	$> 0.32\sim0.63$	$> 1.6\sim3.2$	精铰、精镗、磨、 刮、滚压	要求配合性质稳定的配合表 面、工作时受交变应力的零件、 较高精度车床的导轨面
	不可辨加工 痕迹方向	$> 0.16\sim0.32$	$> 0.8\sim1.6$	精磨、珩磨、研磨、 超精加工	精密机床主轴锥孔、顶尖圆锥 面、发动机曲轴、凸轮轴工作表 面、高精度齿轮面
极 光 表 面	暗光泽面	$> 0.08\sim0.16$	$> 0.4\sim0.8$	精磨、研磨、普通 抛光	精密机床主轴颈表面、一般量 规工作表面、气缸套内表面、活 塞销表面等
	亮光泽面	$> 0.04\sim0.08$	$> 0.2\sim0.4$	超精磨、精抛光、 镜面磨削	精密机床主轴颈表面、滚动轴 承的滚珠、高压液压泵中柱塞
	镜状光泽面	$> 0.01\sim0.04$	$> 0.05\sim0.2$		
	镜面	≤0.01	≤0.05	镜面磨削、超精研	高精度量仪、量块的工作表 面、光学仪器中的金属镜面

表 3-6 表面粗糙度参数值与尺寸公差、形状公差的关系

形状公差 t 占尺寸公差 T 的百分 比(t/T)/%	表面粗糙度参数值占尺寸公差的百分比	
	(Ra/T)/%	(Rz/T)/%
≈60	≤5	≤20
≈40	≤2.5	≤10
≈25	≤1.2	≤5

表 3-7 表面粗糙度 Ra 的推荐选用值

应 用 场 合		公称尺寸/mm					
	公差等级	≤50		$>5\sim120$		$>120\sim500$	
经常装拆 零件的配 合表面	IT5	≤0.2	≤0.4	≤0.4	≤0.8	≤0.4	≤0.8
	IT6	≤0.4	≤0.8	≤0.8	≤1.6	≤0.8	≤1.6
	IT7	≤0.8		≤1.6		≤1.6	
	IT8	≤0.8	≤1.6	≤1.6	≤3.2	≤1.6	≤3.2
过 盈 配 合	压入 装配	IT5	≤0.2	≤0.4	≤0.4	≤0.8	≤0.4	≤0.8
		IT6、IT7	≤0.4	≤0.8	≤0.8	≤1.6	≤1.6
		IT8	≤0.8	≤1.6	≤1.6	≤3.2	≤3.2
	热装	—	≤1.6	≤3.2	≤1.6	≤3.2	≤1.6	≤3.2
圆锥结合的工作面		密封结合		对中结合		其他	
		≤0.4		≤1.6		≤6.3	

续表

应 用 场 合		公称尺寸/mm		
密封材料处的孔、轴表面	密封形式	速度/(m/s)		
		≤3	3～5	≥5
	橡胶圈密封	（抛光）0.8～1.6	（抛光）0.4～1.8	（抛光）0.2～0.4
	毛毡密封	（抛光）0.8～1.6		
	迷宫式	3.2～6.3		
	涂油槽式	3.2～6.3		

精密定心零件的配合表面	IT5～IT8	径向跳动	2.5	4	6	10	16	25
		轴	≤0.05	≤0.1	≤0.1	≤0.2	≤0.4	≤0.8
		孔	≤0.1	≤0.2	≤0.2	≤0.4	≤0.8	≤1.6

V 形带和平带轮工作表面	带轮直径/mm		
	≤120	>120～315	>315
	1.6	3.2	6.3

箱体分界面	类型	有垫片	无垫片
	需要密封	3.2～6.3	0.8～1.6
	不需要密封	6.3～12.5	

3.3.3 表面粗糙度的标注

国家标准对表面粗糙度的符号、代号及其标注均进行了规定。

1. 符号

按 GB/T 16747—2009 的规定，把表面粗糙度按要求正确地标注在零件图上。图样上所标注的表面粗糙度符号、代号是该表面完工后的要求。图样上所标注的表面粗糙度符号如表 3-8 所示。

表 3-8　　　　　　　　　　表面粗糙度符号及意义

序号	符　　号	意　　义
1	√	它是基本符号，表示表面可用任何方法获得。不加注粗糙度参数值或有关说明时，仅适用于简化代号标注
2	√	它表示表面是用去除材料的方法获得，如车、铣、钻、磨、剪切、抛光、腐蚀、电火花加工等
3	√	它表示表面是用不去除材料的方法获得，如铸、锻、冲压、冷轧、粉末冶金等
4	√ √ √	在上述 3 个符号的长边上可加一横线，用于标注有关参数或说明
5	√ √ √	在上述 3 个符号的长边上可加一小圆，表示所有表面具有相同的表面粗糙度要求

2. 表面粗糙度代号

在表面粗糙度符号周围，注写出对零件表面的要求后就组成了表面粗糙度代号。表面粗糙度代号要求标注若干必要的表面特征规定，如粗糙度数值、测量时的取样长度、加工纹理、加工方法等。表面粗糙度符号、代号的书写比例如图 3-11 所示。

其中，a——表面结构的单一要求；

b——两个或多个表面结构要求；

c——加工方法、镀涂或其他表面处理；

d——加工纹理方向；

e——加工余量（mm）。

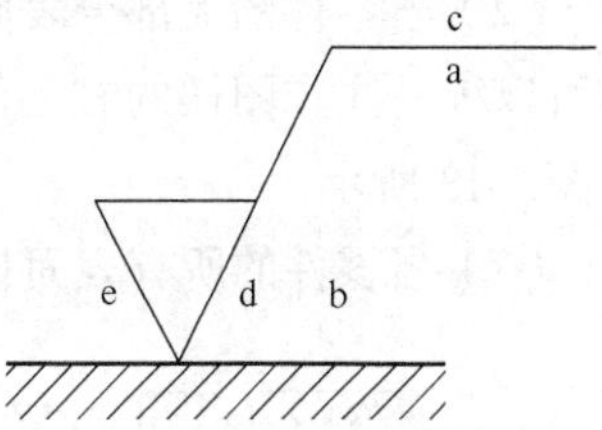

图 3-11　表面粗糙度符号、代号的
书写比例

3. 表面粗糙度在图样上的标注方法

在图样上，表面粗糙度代（符）号应注在可见轮廓线、尺寸线、尺寸界线或它们的延长线上，也可以注在指引线上。表面粗糙度参数标注示例及意义如表 3-9 所示。

表 3-9　　　　　　　　　　　　表面粗糙度幅度参数标注示例

代　号	意　义	代　号	意　义
$\sqrt{}$ $Ra\,3.2$	它表示用任何方法获得的表面粗糙度，Ra 上限值为 3.2μm	$\sqrt{}$ $Ra\max 3.2$	它表示用去除材料方法获得的表面粗糙度，Ra 的最大值为 3.2μm
$\sqrt{}$ $Ra\,3.2$	它表示用去除材料方法获得的表面粗糙度，Ra 的上限值为 3.2μm	$\sqrt{}$ U $Ra\,3.2$ L $Rz\,12.5$	它表示用去除材料方法获得的表面粗糙度，Ra 的上限值为 3.2μm，Rz 的下限值为 12.5μm
$\sqrt{}$ U $Ra\,3.2$ L $Ra\,1.6$	它表示用去除材料方法获得的表面粗糙度，Ra 的上限值为 3.2μm，Ra 的下限值为 1.6μm。上极限用 U 表示，下极限用 L 表示（本例为双向极限要求）	$\sqrt{}$ $Ra\max 3.2$ $Rz\min 1.6$	它表示用去除材料方法获得的表面粗糙度，Ra 的最大值为 3.2μm，Rz 的最小值为 1.6μm

表面粗糙度参数的上限值与最大值、下限值与最小值的含义是不同的：上限值或下限值表示表面粗糙度参数的所有实测值中允许 16%测得值超过规定；最大值和最小值表示所有实测值不得超过规定。附加评定参数的标注如表 3-10 所示。

表 3-10　　　　　　　　　　　　　附加评定参数的标注

代　号	意　义
$\sqrt[a]{}$ $Rsm\,0.05$	轮廓单元的平均宽度 Rsm 的上限值为 0.05μm
$\sqrt[a]{}$ $Rmr\,(c)70\%,\ c50\%$	水平截距 c 在轮廓最大高度 Rz 的 50%位置上，支承长度率为 70%（下限值）

表面粗糙度符号的尖端应从材料外指向被注表面，一般标注在轮廓线上，但也可标注在尺寸界线或其延长线上。常见的几种表面粗糙度标注方法如下。

（1）在 30° 区域倾斜表面标注时，应加引线后标注，如图 3-12 所示。

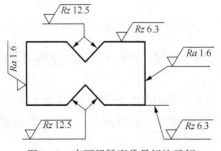

图 3-12　表面粗糙度代号标注示例

（2）当零件的大部分表面具有相同的表面粗糙度要求时，对其中使用最多的一种符号、代号可以统一注在图样的右上角，并加注圆括号，在圆括号内给出无任何其他标注的基本符号，如图 3-13 所示。

（3）当零件的所有表面具有相同的表面粗糙度要求时，其标注如图 3-14 所示。

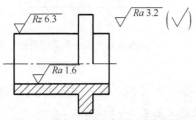

图 3-13　零件大部分表面具有相同的
表面粗糙度要求标注示例

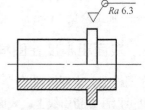

图 3-14　零件所有表面具有相同的
表面粗糙度要求标注示例

（4）当齿轮、蜗轮、渐开线、花键等工作表面没有画出齿形时，其表面粗糙度代号可注在节圆上，如图 3-15 所示。

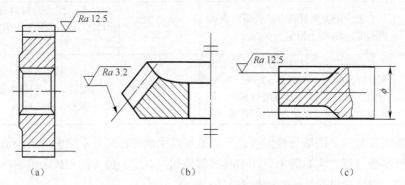

（a）　　　　　　　　　　（b）　　　　　　　　　　（c）

图 3-15　齿轮、花键表面粗糙度标注示例

（5）螺纹工作表面没有画出牙形时，可按图 3-16 所示的方式标注。尽量采用简化标注，如图 3-17 所示。

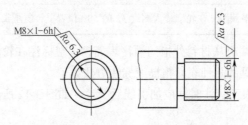

图 3-16　螺纹表面粗糙度标注示例

（6）中心孔的工作表面，键槽工作表面、圆角、倒角的表面粗糙度代号标注如图 3-18 所示。

（7）同一表面上有不同的表面粗糙度要求时，需用细实线画出其分界线并注出相应的表面粗糙度代号和尺寸。用细实线连接的不连续的同一表面，其粗糙度代号只注一次，如图 3-19 所示。

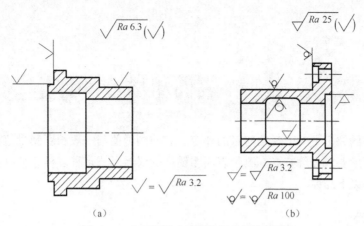

图 3-17　表面粗糙度简化代号的标注示例

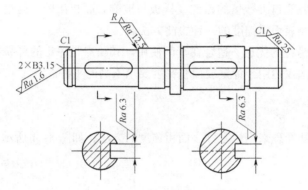

图 3-18　表面粗糙度标注示例 Ⅰ

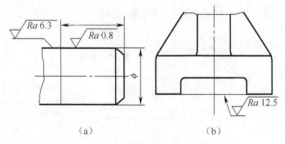

图 3-19　表面粗糙度标注示例 Ⅱ

（8）对零件上的连续表面及重复要素（如孔、槽、齿等）的表面，可按图 3-20 所示的方式标注。

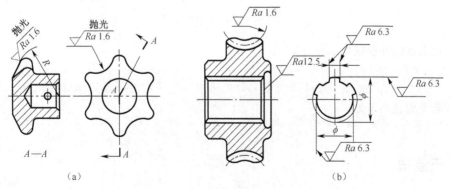

图 3-20　表面粗糙度标注示例 Ⅲ

3.4 表面粗糙度的评定

表面粗糙度的评定是对微观几何量的评定。它的测量值与一般长度测量值相比较，具有测量值小，测量精度要求高等特点。测量表面粗糙度的仪器形式多种多样，从测量原理上看，常用的测量方法有以下几种。

1. 比较法

比较法是用已知其高度参数值的粗糙度样板与被测表面相比较，通过人的感官或借助放大镜、显微镜来判断被测表面粗糙度的一种检测方法。

比较法具有简单易行的优点，适合在车间使用。其缺点是评定的可靠性很大程度取决于检验人员的经验。比较法仅适用于评定表面粗糙度要求不高的工件。

2. 光切法

光切法是利用光切原理来测量零件表面粗糙度的方法，如图 3-21 所示。

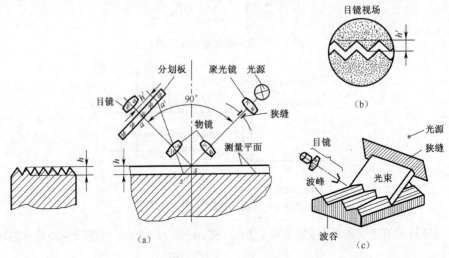

图 3-21　光切法测量原理

光切显微镜的外形结构如图 3-22 所示。

　测量 Ra 值时，应选择两条光带边缘中比较清晰的一条边缘进行测量，不要把光带宽度测量进去。

3. 干涉法

干涉法是利用光波干涉原理测量表面粗糙度的一种方法。干涉显微镜的光学系统原理如

图 3-23（a）所示。它常用于测量 Rz 为 0.025～0.8μm 的表面。

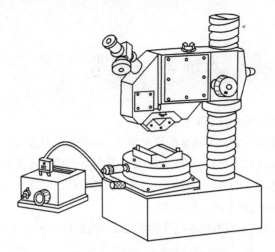

图 3-22　光切显微镜外形结构

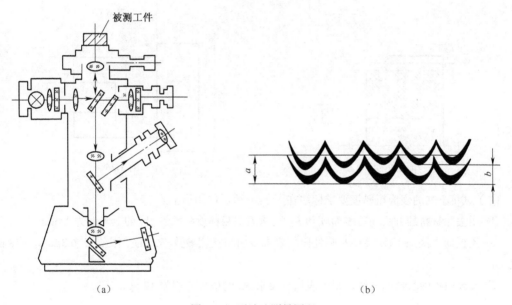

（a）　　　　　　　　　　　　　　　（b）

图 3-23　干涉法测量原理

4. 针描法

针描法也称为感触法，是一种接触式测量表面粗糙度的方法。通过金刚石触针针尖与被测表面相接触，当触针以一定的速度沿被测表面移动时，微观不平的痕迹使触针做垂直于轮廓方向的运动，从而产生电信号。信号经过处理后，可以直接测出算术平均偏差 Ra 等评定表面粗糙度的参数值。这种方法适合测量 Ra 值为 0.025～5μm 的表面。电动轮廓仪（又称表面粗糙度检查仪）就是利用针描法来测量表面粗糙度的。

5. 印模法

印模法用于测量某些不能使用仪器直接测量，也不便于用样块相对比的表面，如深孔、盲孔、凹槽、内螺纹等。

练习与思考

（1）表面粗糙度对零件的使用性能有什么影响？

（2）国家标准中规定了哪些表面粗糙度的评定参数？哪些是主要参数？它们各有什么特点？

（3）表面粗糙度检测方法有哪些？生产中最广泛使用的表面粗糙度测量方法是哪两种？

（4）选择表面粗糙度参数值的原则是什么？选择时应考虑什么问题？

（5）解释图 3-24 中表面粗糙度代号的含义。

（6）试判断图 3-25 所示的表面粗糙度代号的标注是否有错误，如有错误请加以改正。

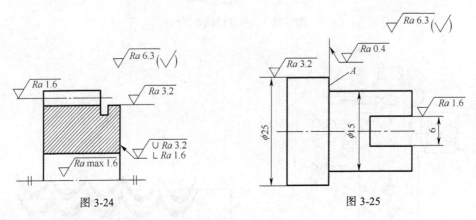

图 3-24　　　　　　　　　　　　图 3-25

（7）试将下列的表面粗糙度要求标注在图 3-26 所示的图形上。

① 用去除材料的方法获得表面 a 和 b，要求表面粗糙度参数及 Ra 的上限值为 1.6μm。

② 用任何方法加工 ϕd_1 和 ϕd_2 圆柱面，要求表面粗糙度参数 Rz 的上限值为 6.3μm，下限值为 3.2μm。

③ 其余用去除材料的方法获得各表面，要求 Ra 的最大值均为 12.5μm。

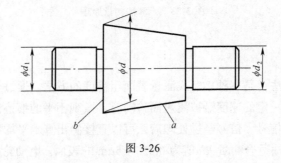

图 3-26

第4章

测量技术基础

4.1 技术测量的基本知识

4.1.1 基本概念

在生产和科学试验中，经常要对一些物体进行检测，以对其进行定量或定性的描述。在机械制造中，完工零部件的几何精度是否符合设计图样上的技术要求，也必须经过检测。

1. 测量

测量是以确定被测对象量值为目的的全部操作过程。测量过程实际上就是一个比较的过程，也就是将被测量与测量单位或具有测量单位的标准量进行比较，并确定其比值的过程。

通过测量可以得到被测量的具体量值（以单位量的倍数或分数表示）。若以 L 表示被测量，以 E 表示测量单位或标准量，以 q 表示两者的比值，则被测量的量值可表示为

$$L = qE \qquad (4\text{-}1)$$

由测量的定义可知，任何一个完整的测量过程都必须有明确的被测对象和确定的测量单位，还要有与被测对象相适应的测量方法，而且测量结果还要达到所要求的测量精度。因此，一个完整的测量过程应包括以下 4 个要素。

（1）被测对象。被测对象指几何量测量中被测对象为零件的几何量，包括长度、角度、形状和位置误差、表面粗糙度以及单键和花键、螺纹和齿轮等典型零件的各几何参数。

（2）测量单位（计量单位）。测量单位指几何量中的长度、角度单位。在我国的法定计量单位中，长度的基本单位为 m（米），其他常用的长度单位有 mm（毫米，$1\text{mm}=1\times10^{-3}\text{m}$）、$\mu\text{m}$（微米，$1\mu\text{m}=1\times10^{-6}\text{m}$）和 nm（纳米，$1\text{nm}=1\times10^{-9}\text{m}$），均是米的分数单位。角度的基本单位为 rad（弧度），其他常用的角度单位有 μrad（微弧度，$1\mu\text{rad}=10^{-6}\text{rad}$）及（°）（度，$1°=0.017\ 453\ 3\ \text{rad}$）、（′）（分）、（″）（秒）。

（3）测量方法。测量方法指测量时所采用的测量原理、计量器具和测量条件的综合。一般情况下，多指获得测量结果的方式、方法。

（4）测量精度。测量精度指测量结果与被测量真值的一致程度，即测量结果的可靠程度。测量过程总会不可避免地存在测量误差。测量误差小，测量精度高；测量误差大，测量精度低。只有测量误差足够小，才表明测量结果是可靠的。

2. 检验

检验是确定产品是否满足设计要求的过程。

（1）定量检验。将测量结果与设计要求相比较，从而判定其合格性，称为定量检验。定量检验能够获得被测量的具体量值。

（2）定性检验。用量规进行检验称为定性检验。量规是一种无刻度的专用量具，一般可以分成两大类。一类是极限量规，主要用于判断被测尺寸是否在两极限尺寸之间；另一类是综合量规，用于判断被测实际轮廓是否超越设计给定的边界。

3. 检测

检测是测量与检验的总称。检测是保证产品精度和实现互换性生产的重要前提，是贯彻质量标准的重要技术手段，是生产过程中的重要环节。

4.1.2　长度基准与尺寸传递

计量单位是测量四要素之一，计量单位及其基准的建立，单位标准量值的传递是进行测量的基础。几何量的计量单位包括长度单位和角度单位两类。

1. 长度基准和长度量值传递系统

在我国的法定计量单位中，长度的基本单位是 m（米）。1983 年第十七届国际计量大会决议规定，米的定义为 1m（米）是光在真空中，在 1/299 792 458 s 的时间间隔内行程的长度。国际计量大会推荐用稳频激光辐射来复现它（长度基准）。

在实际生产和科学研究中，不可能都直接利用激光辐射的光波长度基准去校对测量器具或进行零件的尺寸测量。通常要经过工作基准和各级标准——线纹尺和量块，将长度基准的量值准确地逐级传递到生产中应用的计量器具和零件上去，以保证量值的准确和统一。长度量值传递系统如图 4-1 所示。

2. 角度基准和角度量值传递系统

角度计量也属于长度计量范畴，但角度基准和长度基准有着本质的区别。因为一个整圆所对应的圆心角是定值（ 2π rad 或 360°），所以角度单位不必再建立一个自然基准。但在实际应用中，为了稳定和测量的需要，仍然采用多面棱体作为角度量值的基准。利用高精度的自准直仪或测角仪对多面棱体进行测试，依据多面棱体本身角度的封闭性能，可以得到较高的测量精度。

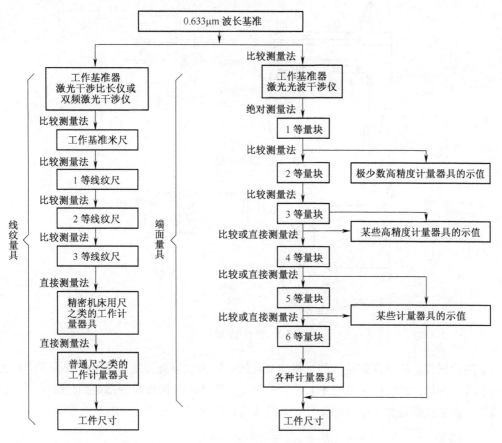

图 4-1　长度量值传递系统

4.2 计量器具与测量方法

4.2.1　计量器具及其技术性能指标

1. 计量器具的种类

计量器具（测量器具）是量具、测量仪器及测量装置的总称。

（1）量具。量具是一种具有固定形态、用以复现或提供一个（单值）或多个（多值）已知标准量值的器具。例如，长度量块、多面棱体、直角尺、角度量块、线纹尺、游标卡尺（见图 4-2）、千分尺（见图 4-3）等都是量具。有些量具可以组合使用，如量块、角度块等。

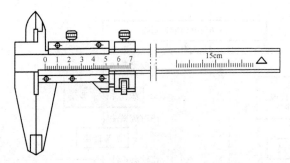

图 4-2　游标卡尺

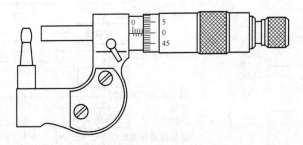

图 4-3　外径千分尺

（2）测量仪器。测量仪器是一种可将被测几何量转换成可直接观察的示值或等效信息的一类计量器具。例如，比较仪（见图 4-4）、测长仪（见图 4-5）、圆度仪等都是测量仪器。

通常，测量仪器按其工作原理又可分为机械式、光学式、气动式和电动式等。

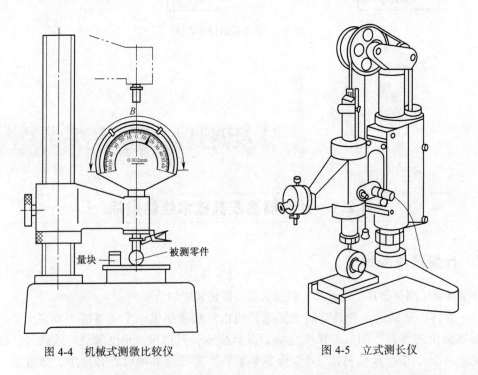

图 4-4　机械式测微比较仪　　　　　　　　图 4-5　立式测长仪

（3）测量装置。测量装置是为确定被测量量值所必需的一台或若干台测量仪器（或量具），连同有关的辅助设备所构成的系统。

2. 计量器具的主要技术性能指标

计量器具的技术性能指标是表征计量器具的性能和功用的指标，也是选择和使用计量器具的主要依据。

（1）刻度间距。刻度间距指量仪标尺或圆刻度盘上相邻两刻线中心的距离或圆弧长度。为了便于人眼观察和读数，一般量仪的刻度间距为 1～2.5mm。图 4-6 所示为机械式测微比较仪。

（2）分度值。分度值指计量器具的标尺或刻度盘上每一刻度间距所代表的量值。如图 4-6 所示的比较仪，其分度值为 0.001mm=1μm。一般来说，分度值越小，计量器具的精度越高。

（3）示值范围。示值范围指计量器具所能显示或指示的最低值到最高值的范围。表示示值范围时，应标示最低值（起始值）和最高值（终止值）。如图 4-6 所示的比较仪，其示值范围为 −0.020～+0.020mm（或±20μm）。

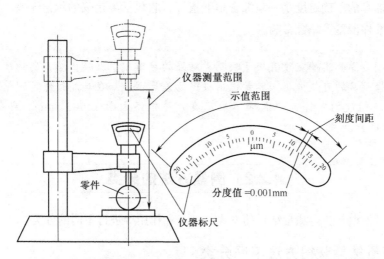

图 4-6   测量器具（机械式测微比较仪）技术指标示意图

（4）测量范围。测量范围指使计量器具误差处于规定极限内，计量器具所能测量零件的最小值到最大值的范围，如图 4-6 所示。例如，某外径千分尺的测量范围为 0～50mm。

（5）灵敏度。灵敏度指计量器具对被测量变化的反应能力。若用ΔL 表示被观测变量的增量，用ΔX 表示被测量的增量，则

$$K=\Delta L/\Delta X \qquad (4-2)$$

在分子、分母是同一类物理量的情况下，灵敏度也称放大比。带有等分刻度的标尺的线性量仪，其灵敏度为常数，它等于分度间距与分度值之比。如图 4-7 所示比较仪的灵敏度为

$$K=\Delta s'/\Delta s =1/0.001=1\,000$$

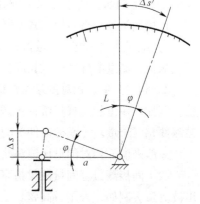

图 4-7   机构放大示意图

一般来说，分度值越小，则计量器具的灵敏度越高。

（6）灵敏限（灵敏阈）。灵敏限指能引起计量器具示值可觉察变化的被测量的最小变化值。

（7）测量力。测量力指测量过程中，计量器具与被测表面之间的接触力。在接触测量中，希望测量力是一定量的恒定值。测量力太大会使零件产生变形，测量力不恒定会使示值不稳定。

（8）示值误差。示值误差指计量器具示值与被测量真值的代数差。它主要由仪器制造误差和仪器调整误差引起。一般来说，示值误差越小，计量器具精度越高。

（9）修正值。修正值是指为消除示值误差，加到测量结果上的代数值。其大小与示值误差绝对值相等，而符号相反。例如，示值误差为-0.003mm，则修正值为+0.003mm。

（10）回程误差。回程误差指在相同测量条件下，对同一被测量进行往返两个方向测量时，量仪的示值变化。它主要由测量器具中零件间的间隙、变形和摩擦等原因引起。

（11）不确定度。不确定度指在规定测量条件下，由于测量误差的存在，对测量值不能肯定的程度。计量器具的不确定度是一项综合精度指标，它包括测量仪的示值误差、回程误差、灵敏限及调整标准件误差等综合影响。

测量器具不确定度直接反映测量结果的可信度，反映出量具的精度高低，故作为选择量具的直接依据。其量值用极限误差表示，如在车间条件下测量尺寸 40mm 的 8 级精度的零件，应选择不确定度允许值不大于 0.003 5mm，即极限误差为 ±0.003 5mm 的量具。

4.2.2　测量方法的分类

测量方法可根据其获得测量结果的方式、特点和作用等进行不同的分类。

1. 按测量结果获得方法不同分类

按测量结果获得方法不同，可分为直接测量和间接测量

（1）直接测量。直接测量指用计量器具直接测量被测量的整个量值或被测量相对于标准量的偏差。例如，用千分尺测轴径，用比较仪和量块测轴径等。

直接测量按测得示值方式不同，又可分为绝对测量和相对测量。

① 绝对测量。绝对测量指在计量器具的读数装置上可表示出被测量的全值。例如，用千分尺或测长仪测量零件直径或长度，其实际尺寸由刻度尺直接读出。

② 相对测量。相对测量指在计量器具的读数装置上只表示出被测量相对已知标准量的偏差值。例如，用量块（或标准件）调整比较仪的零位，然后再换上被测件，则比较仪所指示的是被测件相对于量块（或标准件）的偏差值，如图 4-8 所示。

一般来说，相对测量比绝对测量精度高。

（2）间接测量。间接测量指直接测量与被测量有函数关系的其他量，再通过函数关系式求出被测量。例如，采用弓高弦长法间接测量圆弧样板的半径 R，如图 4-9 所示，先测得弓高 h 和弦长 s 的量值，然后按公式计算后得到 R 值。

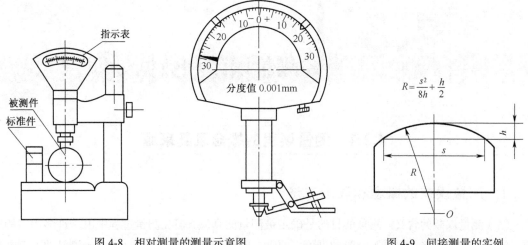

图 4-8　相对测量的测量示意图　　　　　图 4-9　间接测量的实例

　　直接测量过程简单，其测量精度仅与这一测量过程有关。间接测量还与计算公式和计算精度有关，环节越多带来的误差越大。因此，直接测量比间接测量精度高，应尽量采用直接测量，只有受条件所限无法进行直接测量时再采用间接测量。

2. 按测量时测量器具的测头与被测表面是否接触分类

　　按测量时测量器具的测头与被测表面是否接触，可分为接触测量和非接触测量。

　　（1）接触测量。接触测量指在测量过程中计量器具的测头与被测表面相接触，带有机械作用的测量力的测量。例如，用光学比较仪测量轴径。

　　（2）非接触测量。非接触测量指在测量过程中计量器具的测头与被测表面不接触，不带有机械作用的测量力的测量。例如，用光切显微镜测量表面粗糙度。

　　接触测量时，测头与被测表面的接触会引起弹性变形，产生测量误差。非接触测量则无此影响，所以易变形的薄壁件常用非接触测量。

3. 按同时测量被测参数的数量分类

　　按同时测量被测参数的数量，可分为单项测量和综合测量。

　　（1）单项测量。单项测量指对被测件的单个参数分别进行测量。例如，用工具显微镜分别测量螺纹的中径、螺距和牙型半角等。

　　（2）综合测量。综合测量指同时检测工件上的几个有关参数，综合地判断工件是否合格。例如，用螺纹量规检验螺纹作用中径的合格性（综合检验其中径、螺距和牙型半角误差对合格性的影响）。

　　此外，按被测量在测量过程中所处的状态，可分为静态测量和动态测量；按测量过程中测量条件是否相对稳定，可分为等精度测量和不等精度测量等。

　　测量条件是测量器具、测量环境、测量人员的总称，主要指测量时零件和测量器具所处的环境条件，如温度、湿度、振动和灰尘等。测量时标准温度为 20℃，计量室的相对湿度应为 50%～60% 为适宜，还应远离振动源，清洁度要高等。

4.3* 测量误差和数据处理

4.3.1 测量误差的概念及其来源

1. 测量误差的概念和表示方法

（1）测量误差的含义。测量的目的是确定被测量的真值，但在测量过程中由于许多因素的影响，使得测量结果往往不是被测量的真值，两者之间必然存在着差异。这种由于测量的不完善造成的测得值与被测量真值之间的差异，称为测量误差。测量误差可以用绝对误差或相对误差表示。

（2）测量误差的表示方法。测量误差的表示方法包括绝对误差和相对误差两种。

绝对误差 δ 是测得值 x 与其真值 μ_0 之差，即

$$\delta = x - \mu_0 \qquad (4\text{-}3)$$

一般来说，被测量的真值是难以得到的。在实际测量中，常用约定真值或不存在系统误差情况下的算术平均值来代替真值。例如，用外径千分尺测量某轴的直径，若测得的实际直径为 35.005mm，而用高精度量仪测得的结果为 35.012mm（可看作是约定真值），则用千分尺测得的实际直径值的绝对误差为

$$\delta = 35.005\text{mm} - 35.012\text{mm} = -0.007\text{mm}$$

绝对误差是代数差，测得值可能大于或小于真值，故绝对误差可能是正值或负值。

相对误差 ε 是绝对误差 δ 的绝对值与被测量真值 μ_0 之比，常用百分比表示（无量纲）。由于在实际中真值难以获得，而测得值与真值接近，故相对误差可近似用绝对误差 δ 与测得值 x 之比表示，即

$$\varepsilon = \frac{|\delta|}{\mu_0} \times 100\% = \frac{|\delta|}{x} \times 100\% \qquad (4\text{-}4)$$

例如，测得两个孔的直径分别为 24.45mm 和 40.93mm，其绝对误差分别为+0.02mm 和 +0.01mm，则由式（4-4）计算得其相对误差分别为

$$\varepsilon_1 = 0.02\text{mm}/24.45\text{mm} = 0.0828\%, \quad \varepsilon_2 = 0.01\text{mm}/40.93\text{mm} = 0.0244\%$$

显然后者的测得精度比前者高。

2. 测量误差的来源

（1）测量器具误差。测量器具误差指由测量器具的设计、制造、装配和使用调整的不准确而引起的误差。例如，测量器具的设计偏离阿贝原则（应将标准长度量安放在被测长度量的延长线上的原则）、分度盘安装偏心等。

（2）基准件误差。基准件误差指作为标准量的基准件本身存在的误差，如量块的制造误差等。

（3）测量方法误差。测量方法误差指由于测量方法不完善（包括计算公式不精确、测量方法选择不当、测量时定位装夹不合理等）所产生的误差。

（4）环境条件引起的误差。环境条件引起的误差指测量时的环境条件不符合标准条件所引起的误差。例如，温度、湿度、气压、照明等不符合标准以及计量器具或工件上有灰尘、测量时有振动等引起的误差。

（5）人为误差。人为误差指人为原因所引起的误差。例如，测量人员技术不熟练、视力分辨能力差、估读判断不准等引起的误差。

总之，产生测量误差的原因很多，在分析误差时，应找出产生测量误差的主要原因，采取相应的措施消除或减少其对测量结果的影响，以保证测量结果的精度。

4.3.2　测量误差的分类

1．测量误差的分类

根据测量误差的特点和性质，可将其分为系统误差、随机误差和粗大误差3类。

（1）系统误差。系统误差是指在一定测量条件下，多次测取同一量值时，绝对值和符号均保持不变的测量误差，或者绝对值和符号按某一规律变化的测量误差。前者称为定值系统误差，后者称为变值系统误差。例如，在比较仪上用相对法测量零件尺寸时，调整量仪所用量块的误差就会引起定值系统误差；量仪的分度盘与指针回转轴偏心所产生的示值误差会引起变值系统误差。

根据系统误差的性质和变化规律，系统误差可以用计算或实验对比的方法确定，用修正值（校正值）从测量结果中予以消除。但在某些情况下，系统误差由于变化规律比较复杂，不易确定，因此难以消除。

（2）随机误差。随机误差是指在一定测量条件下，多次测取同一量值时，绝对值和符号以不可预定的方式变化着的测量误差。随机误差主要是由测量过程中一些偶然性因素或不确定因素引起的。例如，量仪传动机构的间隙、摩擦、测量力的不稳定以及温度波动等引起的测量误差，都属于随机误差。

就某一次具体测量而言，随机误差的绝对值和符号无法预先知道。但对于连续多次重复测量来说，随机误差符合一定的概率统计规律。因此，可以应用概率论和数理统计的方法来对它进行处理。

系统误差和随机误差的划分并不是绝对的，它们在一定的条件下是可以相互转化的。例如，按一定公称尺寸制造的量块总是存在着制造误差，对某一具体量块来讲，可认为该制造误差是系统误差，但对一批量块而言，制造误差是变化的，可以认为它是随机误差。在使用某一量块时，若没有检定该量块的尺寸偏差，而按量块标称尺寸使用，则制造误差属随机误差；若检定出该量块的尺寸偏差，按量块实际尺寸使用，则制造误差属系统误差。掌握误差转化的特点，可根据需要将系统误差转化为随机误差，用概率论和数理统计的方法来减小该误差的影响；或将随机误差转化为系统误差，用修正的方法减小该误差的影响。

（3）粗大误差。粗大误差是指超出在一定测量条件下预计的测量误差，就是对测量结果产生明显歪曲的测量误差。含有粗大误差的测得值称为异常值，它的数值比较大。粗大误差的产生有主观和客观两方面的原因，主观原因如测量人员疏忽造成的读数误差，客观原因如外界突然振动引起的测量误差。由于粗大误差明显歪曲测量结果，因此在处理测量数据时，应根据判别粗大误差的准则设法将其剔除。

2. 测量精度分类

测量精度是指被测几何量的测得值与其真值的接近程度。它和测量误差是从两个不同角度说明同一概念的术语。测量误差越大，则测量精度就越低；测量误差越小，则测量精度就越高。为了反映系统误差和随机误差对测量结果的不同影响，测量精度可分为以下几种。

（1）正确度。正确度反映测量结果受系统误差的影响程度。系统误差小，正确度高。

（2）精密度。精密度反映测量结果受随机误差的影响程度。它是指在一定测量条件下连续多次测量所得的测得值之间相互接近的程度。随机误差小，则精密度高。

（3）准确度。准确度反映测量结果同时受系统误差和随机误差的综合影响程度。若系统误差和随机误差都小，则准确度高。

对于一个具体的测量，精密度高，正确度不一定高；正确度高，精密度也不一定高；精密度和正确度都高的测量，准确度就高；精密度和正确度当中有一个不高，准确度就不高。

4.4 计量器具选择原则与维护保养

4.4.1 计量器具的选择原则

机械制造中计量器具的选择主要决定于计量器具的技术指标和经济指标。在综合考虑这些指标选择计量器具时，主要有以下两项原则。

（1）按被测工件的部位、外形及尺寸来选择计量器。应使所选计量器具的测量范围能满足工件的要求。

（2）按被测工件的公差来选择计量器具。考虑到计量器具的误差将会带入工件的测量结果中，因此选择的计量器具其允许的极限误差应当小。但计量器具的极限误差越小，测量成本就越高，对使用时的环境条件和操作者的要求也越高。因此，在选择计量器具时，应对技术指标和经济指标综合进行考虑。

4.4.2 计量器具的维护保养

如前所述，计量器具的不确定度是产生测量误差的主要因素，约占测量总误差的90%。为了确保测量结果的准确、可信，所用计量器具必须是符合检定规程要求的，也为了使计量器具能够有一个合理的使用寿命，都应注意计量器具的维护与保养。

（1）计量器具应处于清洁（不用时盖上防尘布或罩）、安全（避免碰撞、振动、潮湿等）

的环境。

（2）对量具、量仪的精密金属工作表面（如量块、仪器工作台、顶尖等）使用后都必须先用汽油擦洗干净后均匀涂上防锈油。

（3）对于光学仪器的光学元件必须避免磕碰，擦拭镜面必须使用干净的麂皮等，避免划伤。

（4）在接通量仪电源前，要特别注意仪器要求的电压等。

练习与思考

（1）测量的实质是什么？一个完整的测量过程包括哪几个要素？

（2）我国长度测量的基本单位是什么？它是如何定义的？

（3）什么是尺寸传递系统？建立尺寸传递系统有什么意义？

（4）什么是计量器具的测量不确定度？它与计量器具的测量精度有何关系？

（5）用两种测量方法分别测量 100mm 和 200mm 两段长度，前者和后者的绝对测量误差分别为 +6μm 和−8μm，试确定两种测量方法中，哪种测量精度较高？

第5章 量块与量规

5.1 量块的基本知识

量块是没有刻度的平面平行端面量具，横截面为矩形。量块可以作为长度基准的传递媒介，可以用来检定和调整、校对计量器具，还可以用于测量工件精度、精密划线和调整设备等。

5.1.1 量块的结构

1. 量块的材料

量块是用特殊合金钢材料制成的，这种材料线膨胀小，不易变形；硬度高，耐磨性好，有极好的抛光性和研合性。

2. 量块的形状和尺寸

量块的形状通常为长方体，有两个互相平行的测量面和 4 个非测量面，如图 5-1 所示。两个测量面的表面非常光滑平整且测量面间具有精确的尺寸，其余 4 个非测量面可作为标记面。

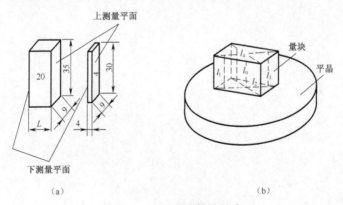

（a）　　　　　　　　　　　　　（b）

图 5-1　量块的形状及尺寸

量块两测量面任意点间的垂直距离，称为量块任意长度 li；量块两测量面中心点之间的垂直距离，称为量块中心长度（lc）；量块上标出的尺寸，称为量块的标称长度；量块测量面上最大与最小长度之差，称为量块长度变动量。

5.1.2　量块的精度

根据量块长度的极限偏差和长度变动量允许值等精度指标，量块的制造精度分为 00、0、1、2、（3）级 5 个级别，其中 00 级的精度最高，精度依次降低，（3）级的精度最低。此外，还有一个校准级——K 级（见表 5-1）。

表 5-1　　　　　　　　　　　各级量块的精度指标

标称长度 ln/mm		量块制造精度									
		0 级		K 级		1 级		2 级		3 级	
		μm									
大于	到	极限偏差 $\pm t_e$	变动量允许值 t_v	极限偏差 $\pm t_e$	变动量允许值 t_v	极限偏差 $\pm t_e$	变动量允许值 t_v	极限偏差 $\pm t_e$	变动量允许值 t_v	极限偏差 $\pm t_e$	变动量允许值 t_v
—	10	0.12	0.10	0.20	0.05	0.20	0.16	0.45	0.30	1.00	0.50
10	25	0.14	0.10	0.30	0.05	0.30	0.16	0.60	0.30	1.20	0.50
25	50	0.20	0.10	0.40	0.06	0.40	0.18	0.80	0.30	1.60	0.55
50	75	0.25	0.12	0.50	0.06	0.50	0.18	1.00	0.35	2.00	0.55
75	100	0.30	0.12	0.60	0.07	0.60	0.20	1.20	0.35	2.50	0.60
100	150	0.40	0.14	0.80	0.08	0.80	0.20	1.60	0.40	3.00	0.65
150	200	0.50	0.16	1.00	0.09	1.00	0.25	2.00	0.40	4.00	0.70
200	250	0.60	0.16	1.20	0.10	1.20	0.25	2.40	0.45	5.00	0.75

根据量块中心长度的极限偏差和测量面的平面度公差等精度指标，量块的检定精度分为 1、2、3、4、5、6 共 6 个等别，其中 1 等的精度最高，精度依次降低，6 等的精度最低（见表 5-2）。

表 5-2　　　　　　　　　各等量块的精度指标(仅供参考)

标称长度 ln/mm		量块检定精度									
		1 等		2 等		3 等		4 等		5 等		6 等	
		μm									
大于	到	测量的不确定度允许值 $\pm u_v$	变动量允许值 t_v	测量的不确定度允许值 $\pm u_v$	变动量允许值 t_v	测量的不确定度允许值 $\pm u_v$	变动量允许值 t_v	测量的不确定度允许值 $\pm u_v$	变动量允许值 t_v	测量的不确定度允许值 $\pm u_v$	变动量允许值 t_v	测量的不确定度允许值 $\pm u_v$	变动量允许值 t_v
0.5		0.02	0.05	0.06	0.10	0.11	0.16	0.22	0.30	0.6	0.5	2.1	0.5
0.5	10	0.02	0.05	0.06	0.10	0.11	0.16	0.22	0.30	0.6	0.5	2.1	0.5
10	25	0.02	0.05	0.07	0.10	0.12	0.16	0.25	0.30	0.6	0.5	2.3	0.5
25	50	0.03	0.06	0.08	0.10	0.15	0.18	0.30	0.30	0.8	0.55	2.6	0.55
50	75	0.04	0.06	0.09	0.12	0.18	0.18	0.35	0.35	0.9	0.55	2.9	0.55
75	100	0.04	0.07	0.10	0.12	0.20	0.20	0.40	0.35	1.0	0.6	3.2	0.6
100	150	0.05	0.08	0.12	0.14	0.25	0.20	0.50	0.40	1.2	0.65	3.8	0.65
150	200	0.06	0.09	0.15	0.16	0.30	0.25	0.60	0.40	1.5	0.7	4.4	0.7
200	250	0.07	0.10	0.18	0.16	0.35	0.25	0.70	0.45	1.8	0.75	5.0	0.75

量块的使用方法可分为按"级"使用和按"等"使用。

量块按"级"使用时，是以量块的标称长度为工作尺寸，即不计量块的制造误差和磨损误差，但它们将被引入到测量结果中，使测量精度受到影响，但因不需加修正值，因此使用方便。

量块按"等"使用时，是用量块经检定后所给出的实际中心长度尺寸作为工作尺寸。例如，某一标称长度为 20mm 的量块，经检定其实际中心长度与标称长度之差为−0.3μm，则中心长度为 19.999 7mm。这样就消除了量块的制造误差影响，提高了测量精度。但是，在检定量块时，不可避免地存在一定的测量方法误差，它将作为测量误差而被引入到测量结果中。

5.1.3　量块的应用

为了能用较少的块数组合成所需要的尺寸，量块应按一定的尺寸系列成套生产供应。国家标准规定了 17 种系列的成套量块。如表 5-3 所示列出了其中 3 套量块的尺寸系列。

表 5-3　　　　　　　　　　成套量块的组合尺寸

套　别	总 块 数	级　别	尺寸系列/mm	间隔/mm	块　数
1	91	0, 1	0.5	—	1
			1	—	1
			1.001, 1.002, …, 1.009	0.001	9
			1.01, 1.02, …, 1.49	0.01	49
			1.5, 1.6, …, 1.9	0.1	5
			2.0, 2.5, …, 9.5	0.5	16
2	83	0, 1, 2	0.5	—	1
			1	—	1
			1.005		1
			1.01, 1.02, …, 1.49	0.01	49
			1.5, 1.6, …, 1.9	0.1	5
			2.0, 2.5, …, 9.5	0.5	16
			10, 20, …, 100	10	10
3	46	0, 1, 2	1	—	1
			1.001, 1.002, …, 1.009	0.001	9
			1.01, 1.02, …, 1.49	0.01	9
			1.1, 1.2, …, 1.9	0.1	9
			2, 3, …, 9	1	8
			10, 20, …, 100	10	10

量块组合的原则：为了减少量块的组合误差，应尽量减少量块的组合块数，一般不超过 4 块；组合时，应根据所需尺寸数值的最后一位选第一块量块，每选一块量块，应至少减去尺寸的一位数。

例如，从 91 块一套的量块组中选取量块，组成尺寸 65.438mm。选择各量块尺寸的步骤如下。

65.438	……………………………	所需尺寸
−1.008	……………………………	第一量块的尺寸
64.430		
−1.430	……………………………	第二量块的尺寸
63.000		
−3.000	……………………………	第三量块的尺寸
60	……………………………	第四量块的尺寸

即 65.438mm=(1.008+1.430+3.00+60)mm。

研合量块时，首先用优质汽油将选用的各量块清洗干净，用洁布擦干，然后以大尺寸量块为基础，顺次将小尺寸量块研合上去。

研合时将量块沿着其测量面长边方向，先将两块量块测量面的端缘部分接触并研合，然后稍加压力，将一块量块沿着另一块量块推进，使两块量块的测量面全部接触，并研合在一起。使用量块时要小心，避免碰撞、跌落，切勿划伤测量面。

5.2 光滑极限量规

光滑极限量规是一种没有刻度的专用检验工具。它不能确定零件的实际尺寸，只能确定零件尺寸是否处于规定的极限尺寸范围内。

检验孔的光滑极限量规称为塞规。一个塞规按被测孔的最大实体尺寸制造，称为通规；另一个塞规按被测孔的最小实体尺寸制造，称为止规，如图 5-2（a）所示。检验轴的光滑极限量规称为环规或卡规。一个环规按被测轴的最大实体尺寸制造，称为通规；另一个环规按被测轴的最小实体尺寸制造，称为止规，如图 5-2（b）所示。测量时，必须把通规和止规联合使用，只有当通规能够通过被测孔或轴，同时，止规不能通过被测孔或轴时，该孔或轴才是合格品。

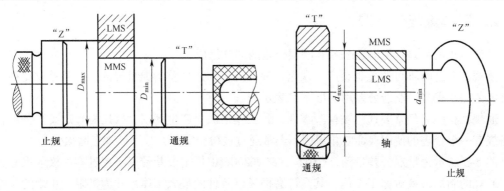

（a）孔用量规　　　　　　　　　　　（b）轴用量规

图 5-2　光滑极限量规

　　在机械制造业中，由于光滑极限量规结构简单，使用方便，测量可靠，因此成批或大量生产的零件多采用光滑极限量规检验。

5.2.1　量规的用途及分类

　　量规按其用途的不同可分为工作量规、验收量规和校对量规 3 类。

1．工作量规

　　工作量规是工人在零件制造过程中，用来检验工件时使用的量规。它的通规和止规分别用代号"T"和"Z"表示。

2．验收量规

　　验收量规是检验部门或用户代表验收产品时使用的量规。验收量规一般不另行制造，检验人员应该使用与生产工人相同类型且已经磨损较多的但未超过磨损极限的通规，这样由生产工人自检合格的产品，检验部门验收时也一定合格。验收量规也有通规和止规。

3．校对量规

　　校对量规是检验、校对轴用量规（环规或卡规）的量规。孔用工作量规用指示式计量器具测量很方便，不需要校对量规。只有轴用工作量规才使用校对量规。

5.2.2　量规的尺寸公差带

1．工作量规公称尺寸的确定

　　工作量规中的通规用来检验零件的作用尺寸是否超过最大实体尺寸（轴的上极限尺寸或孔的下极限尺寸），工作量规中的止规是检验零件的实际尺寸是否超过最小实体尺寸（轴的下极限尺寸或孔的上极限尺寸），各种量规均以被检验零件的极限尺寸作为公称尺寸。

2．工作量规公差带

　　工作量规的公差带由制造公差和磨损公差两部分组成。

　　量规在制造时不可避免也会产生误差，故须规定制造公差，但量规的制造公差要比被检验工件的公差小得多，制造公差用字母 T 来表示。

　　通规在检验时经常要通过被检验零件，其工作表面会产生磨损，故还需规定磨损公差，以使通规有一个合理的使用寿命。止规因不经常通过被检验零件，故不需规定磨损公差。

　　图 5-3 所示为量规公差带图，GB/T 1957—2006 中规定公差带以不超过零件极限尺寸为原则。通规的制造公差对称于 Z 值，其允许磨损量以零件的最大实体尺寸为极限，止规的制造公差带是从零件的最小实体尺寸算起，分布在尺寸公差带之内。尺寸公差 T 值和通规公差带位置要素 Z 值是综合考虑了量规的制造工艺水平和议定的使用寿命。按零件的公称尺寸、公差等级

给出的，具体数值如表 5-4 所示。

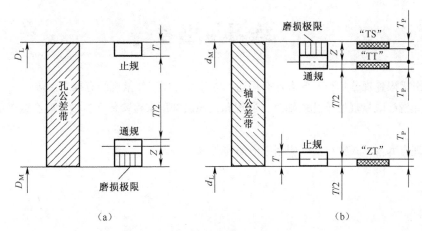

图 5-3　量规公差带图

表 5-4　　　　　光滑极限量规的尺寸公差 *T* 和位置要素 *Z* 值（GB/T 1957—2006）　（单位：μm）

零件基本尺寸/mm	IT6		IT7		IT8		IT9		IT10		IT11		IT12		IT13		IT14		IT15		IT16	
	T	*Z*	*T*	*Z*	*T*	*Z*	*T*	*Z*	*T*	*Z*	*T*	*Z*	*T*	*Z*	*T*	*Z*	*T*	*Z*	*T*	*Z*	*T*	*Z*
≤3	1	1	1.2	1.6	1.6	2	2	2	2.4	4	3	6	4	9	6	14	9	20	14	30	20	40
>3～6	1.2	1.4	1.4	2	2.6	2.4	4	3	5	4	8	5	9	6	16	11	25	16	35	25	50
>6～10	1.4	1.6	1.8	2.4	2.4	3.2	2.8	5	3.6	6	5	9	6	11	7	20	13	30	20	40	30	60
>10～18	1.6	2	2	2.8	2.8	4	3.4	6	4	8	6	11	7	13	8	24	15	35	25	50	35	75
>18～30	2	2.4	2.4	3.4	3.4	5	4	7	5	9	7	13	8	15	10	28	18	40	28	60	40	90
>30～50	2.4	2.8	3	4	4	6	5	8	6	11	8	16	10	18	12	34	22	50	34	75	50	110
>50～80	2.8	3.4	3.6	4.6	4.6	7	6	9	7	13	9	19	12	22	14	40	26	60	40	90	60	130
>80～120	3	3.8	4.2	5.4	5.4	8	7	10	8	15	10	22	14	26	16	46	20	70	46	100	70	150
>120～180	3.8	4.4	4.8	6	6	9	8	12	9	18	12	25	16	30	18	52	35	80	52	120	80	100
>180～250	4.4	5	5.4	7	7	10	9	14	10	20	14	29	18	35	22	60	40	90	60	130	90	200
>250～315	4.8	5.6	6	8	8	11	10	16	12	22	16	32	20	40	26	66	45	100	66	150	100	220
>315～400	5.4	6.2	7	9	9	12	11	18	14	25	18	36	22	45	28	74	50	110	74	170	110	250
>400～500	6	7	8	10	10	14	12	20	16	28	20	40	24	50	32	80	55	120	80	190	120	280

由图 5-3 所示的几何关系，可以得出工作量规上、下偏差的计算公式，如表 5-5 所示。

表 5-5　　　　　　　　　　　工作量规极限偏差的计算公式

量　　规　　偏　　差	检验孔的量规	检验轴的量规
通端上极限偏差	$T_s = EI + Z + T/2$	$T_{sd} = es - Z + T/2$
通端下极限偏差	$T_i = EI + Z - T/2$	$T_{id} = es - Z - T/2$
止端上极限偏差	$Z_s = ES$	$Z_{sd} = ei + T$
止端下极限偏差	$Z_s = ES - T$	$Z_{id} = ei$

练习与思考

（1）光滑极限量规分几类？各有什么用途？为什么孔用工作量规没有校对量规？

（2）用光滑极限量规检验孔或轴时，通规和止规通常用来检验什么？被检验孔或轴的合格条件是什么？

（3）量规有哪些形式？在实际应用中应如何考虑？

第6章

键与花键的公差配合与检测

键连接和花键连接广泛用于轴和轴上传动件（齿轮、皮带轮、手轮和联轴器等）之间的可拆卸连接，用以传递扭矩，有时也作轴向滑动的导向，特殊场合还能起到定位和保证安全的作用。例如，变速箱中变速齿轮与轴之间通过平键连接，如图6-1（a）所示，通过花键孔与花键轴的连接如图6-1（b）所示。

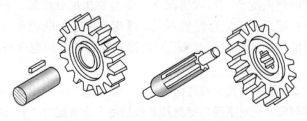

(a) 平键连接　　　　　　(b) 矩形花键连接

图 6-1　键连接示意图

6.1

单键连接的公差配合与检测

6.1.1　概述

键（单键）分为平键、半圆键、切向键和楔形键等几种，其中平键的应用最广泛。

平键连接由键、轴槽和轮毂槽 3 部分组成，如图 6-2 所示。在平键连接中，结合尺寸有键宽与键槽宽（轴槽宽和轮毂槽宽）b、键高 h、槽深（轴槽深 t_1、轮毂槽深 t_2）、键和槽长 L 等参数。平键连接通过键的侧面分别与轴槽、轮毂的侧面接触来传递扭矩和运动，键的上表面和轮毂槽底面留有 0.2～0.5mm 的间隙。因此，键和轴槽的侧面承载负荷，键宽和键槽宽 b 是决定配合性质和配合精度的主要参数，为主要配合尺寸，应规定较严格的公差；而键长 L、键高

h、轴槽深 t_1、轮毂槽深 t_2 为非配合尺寸，其精度要求较低。

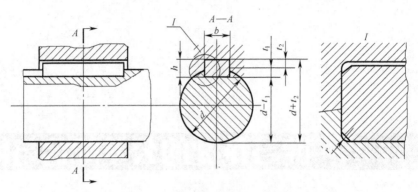

图 6-2　普通平键键槽的几何参数

6.1.2　平键连接的公差与配合

　　键为标准件。在键宽与键槽宽的配合中，键宽是轴，键槽宽是孔，键的两侧面同时与轴和轮毂两个零件的键槽侧面配合。一般情况下，键与轴槽配合较紧，键与轮毂槽配合较松，相当于一个轴与两个孔配合，但配合性质不同。考虑到工艺上的特点，为了使不同配合性质所用的键的规格统一起来，所以键宽和键槽宽的配合采用基轴制。

　　GB/T 1096—2003《普通型　平键》对键宽规定了一种公差带 h8；GB/T 1095—2003《平键　键槽的剖面尺寸》对平键与键槽和轮毂槽的宽度规定了 3 种连接类型，即正常连接、松连接和紧密连接；对轴和轮毂的键槽宽各规定了 3 种公差带，从而构成 3 种不同性质的配合，以满足各种不同性质的需要，如图 6-3 所示。

平键连接

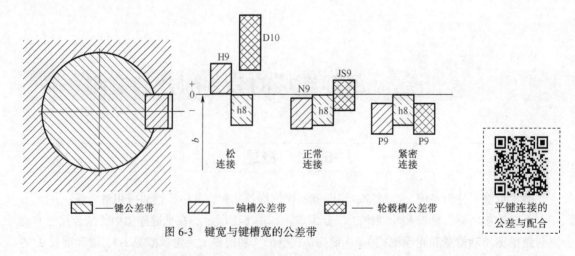

图 6-3　键宽与键槽宽的公差带

平键连接的公差与配合

　　平键连接的剖面尺寸均已标准化，在 GB/T 1095—2003 中做了规定，如表 6-1 所示。具体的公差带和各种连接的配合性质及应用如表 6-2 所示。

表 6-1　　　　　普通平键键槽的尺寸与公差（GB/T 1095—2003）　　　　（单位：mm）

键尺寸 b×h	宽度 b						深度				半径 r	
	基本尺寸	极限偏差					轴 t₁		毂 t₂			
		正常连接		紧密连接	松连接		基本尺寸	极限偏差	基本尺寸	极限偏差	min	max
		轴 N9	毂 JS9	轴和毂 P9	轴 H9	毂 D10						
2×2	2	−0.004 −0.029	± 0.0125	−0.006 −0.031	+0.025 0	+0.060 +0.020	1.2	+0.1 0	1.0	+0.1 0	0.08	0.16
3×3	3						1.8		1.4			
4×4	4	0 −0.030	± 0.015	−0.012 −0.042	+0.030 0	+0.078 +0.030	2.5		1.8		0.16	0.25
5×5	5						3.0		2.3			
6×6	6						3.5		2.8			
8×7	8	0 −0.036	± 0.0215	−0.015 −0.051	+0.036 0	+0.098 +0.040	4.0		3.3			
10×8	10						5.0		3.3			
12×8	12	0 −0.043	± 0.0215	−0.018 −0.061	+0.043 0	+0.120 +0.050	5.0	+0.2 0	3.3	+0.2 0	0.25	0.40
14×9	14						5.5		3.8			
16×10	16						6.0		4.3			
18×11	18						7.0		4.4			
20×12	20	0 −0.062	± 0.026	−0.022 −0.074	+0.52 0	+0.149 +0.065	7.5		4.9		0.4	0.60
22×14	22						9.0		5.4			
25×14	25						9.0		5.4			
28×16	28						10.0		6.4			
32×18	32	0 −0.062	± 0.031	−0.026 −0.088	+0.062 0	+0.180 +0.080	11.0	+0.3 0	7.4	+0.3 0	0.7	1.00
36×20	36						12.0		8.4			
40×22	40						13.0		9.4			
45×25	45						15.0		10.4			
50×28	50						17.0		11.4			

表 6-2　　　　　　　　平键连接中键宽 b 的 3 种配合类型及其应用

配合类型	尺寸公差			应 用
	键	轴槽	轮毂槽	
松连接	H9	H9	D10	轮毂可在轴上滑动，主要用于导向平键
正常连接		N9	JS9	键固定在键槽和轮毂槽中，主要用于载荷不大的场合
紧密连接		P9	P9	键牢固安装在键槽和轮毂槽中，主要用于载荷较大、有冲击和传递双向扭矩的场合

在平键连接的非配合尺寸中，轴槽深 t_1 和轮毂槽深 t_2 的极限偏差由 GB/T 1095—2003 专门规定。轴槽长的极限偏差为 H14。矩形普通平键键高 h 的极限偏差为 h11，方形普通平键键高 h 的极限偏差为 h8，键长 L 的极限偏差为 h14。

6.1.3 平键连接的几何公差和表面粗糙度

为保证键和键槽的侧面具有足够的接触面积，避免装配困难，应分别规定轴槽对轴线和轮毂槽对孔的轴线的对称度公差。对称度公差等级按 GB/T 1182—2008《产品几何技术规范（GPS）几何公差形状、方向、位置和跳动公差标注》中的规定选用，一般取 7～9 级。

当键长 L 与键宽 b 之比大于或等于 8 时，应对键宽 b 的两工作侧面在长度方向上规定平行度公差，平行度公差应按 GB/T 1182—2008 中的规定选用；当 $b \leqslant 6$ 时，平行度公差选用 7 级；当 $b \geqslant 6 \sim 36$ 时，平行度公差选 6 级；当 $b \geqslant 37$ 时，平行度公差选 5 级。

轴槽与轮毂的两个工作侧面为配合表面，表面粗糙度 Ra 的数值取 $1.6 \sim 6.3 \mu m$。槽底面等为非配合表面，表面粗糙度 Ra 取值 $6.3 \mu m$。

考虑到测量的方便性，在工作图中，轴槽深 t_1 用（$d-t_1$）标注，其极限偏差与 t_1 相反；轮毂槽深 t_2 用（$d+t_2$）标注，其极限偏差与 t_2 相同。轴槽和轮毂槽的剖面尺寸、几何公差及表面粗糙度在图样上的标注如图 6-4 所示。

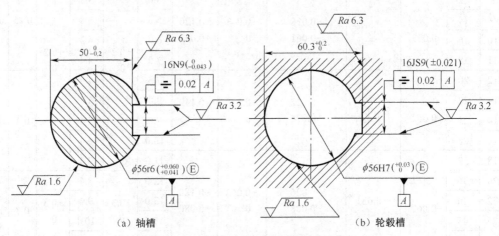

图 6-4 键槽尺寸和公差的标注示例

【例 6-1】 有一减速器中的轴和齿轮键采用普通平键连接，已知轴和齿轮孔的配合是 56H7/r6，试确定轴槽和轮毂槽的剖面尺寸及其公差带、相应的几何公差和各个表面的粗糙度参数值，并把它们标注在断面图中。

解：查表 6-1，查得直径为 56mm 的轴孔用平键的尺寸为 $b \times h = 16mm \times 10mm$。

确定键连接：减速器中轴与齿轮承受一般载荷，故采用正常连接。查表 6-1，则轴槽公差带为 16N9（－0.043），轮毂槽公差带为 16JS9（±0.0215）。

轴槽深 $t_1 = 6.0mm + 0.20mm$，$d - t_1 = 50mm - 0.20mm$；轮毂槽深 $t_2 = 4.3mm + 0.20mm$，$d + t_2 = 60.3mm + 0.20mm$。

确定键连接几何公差和表面粗糙度：轴槽对轴线及轮毂槽对孔轴线的对称度公差按 GB/T 1184—1996 中的 8 级选取，公差值为 0.020mm。

轴槽及轮毂槽侧面表面粗糙度 Ra 值为 $3.2 \mu m$，底面为 $6.3 \mu m$，图样标注如图 6-4 所示。

6.1.4[*]　平键的测量

在单件、小批生产中，键和键槽的尺寸均可用游标卡尺、千分尺等普通计量器具来测量，键和键槽的对称度公差遵守独立原则，常用的测量方法如图 6-5 所示。测量时，工件的被测键槽中心平面和基准轴线分别用定位块（或量块）和 V 形块模拟体现。首先转动 V 形块上的工件，调整定位块的位置，使其沿径向与平板平行（即指示表在定位块外端和靠近键槽处读数不变）。然后，用指示表在工件长度两端的径向截面内分别测量从定位块平面至平板的距离。将工件翻转 180°，重复上述步骤，测得定位块表面 Q 到平板的距离，分别计算在键槽长度两端的径向截面内两次测量的示值之差，其中绝对值大者即为键槽的对称度误差。

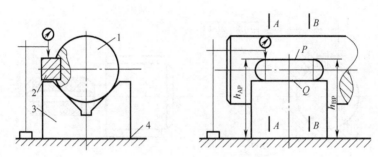

图 6-5　轴槽对称度误差测量

1—工件　2—定位块　3—V 形块　4—平板

在成批、大量生产中，可用量块或极限量规来检测键槽尺寸，如图 6-6 所示。

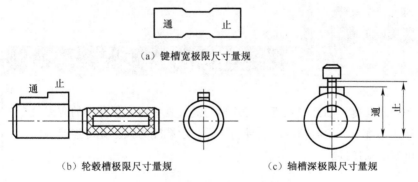

（a）键槽宽极限尺寸量规

（b）轮毂槽极限尺寸量规　　（c）轴槽深极限尺寸量规

图 6-6　键槽尺寸检测的极限量规

当轴槽对称度公差采用相关原则时，键槽对称度误差可采用图 6-7 所示的量规进行检测。该量规以其 V 形表面作为定位表面，体现基准轴线（不受轴实际尺寸变化的影响）。检测时，若 V 形表面与轴表面接触，量杆能进入键槽，则表示键槽尺寸合格。

当轮毂槽对称度公差采用相关原则时，键槽对称度误差可用图 6-8 所示的量规检验。该量规以圆柱面作为定位表面模拟，体现基准轴线。检测时，若它能够同时通过轮毂的孔和键槽，则表示键槽尺寸合格。

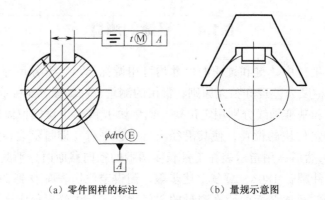

（a）零件图样的标注　　　　（b）量规示意图

图 6-7　轴槽对称度量规

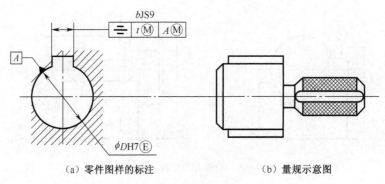

（a）零件图样的标注　　　　　　（b）量规示意图

图 6-8　轮毂槽对称度量规

6.2 花键连接的公差配合与检测

认识矩形花键

花键分为矩形花键、渐开线花键、三角形花键，其中以矩形花键的应用最广泛。花键连接的优点：定心精度高、导向性好、承载能力强。花键连接可作固定连接也可作滑动连接。

6.2.1　矩形花键的几何参数

1. 矩形花键的主要尺寸

矩形花键的主要尺寸有 3 个，即大径 D、小径 d、键宽（键槽宽）B，如图 6-9 所示。

矩形花键的键数为偶数，有 6、8、10 三种。按承载能力不同，矩形花键分为中、轻两个系列，中系列的键高尺寸较轻系列大，故承载能力强。矩形花键的尺寸系列如表 6-3 所示。

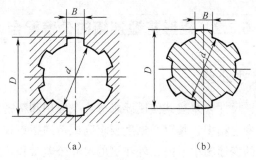

（a）   （b）

图 6-9   矩形花键的主要尺寸

表 6-3   **矩形花键尺寸系列（摘自 GB/T 1144－2001）**   （单位：mm）

小径 d	轻 系 列				中 系 列			
	规格 $N \times d \times D \times B$	键数 N	大径 D	键宽 B	规格 $N \times d \times D \times B$	键数 N	大径 D	键宽 B
11					$6 \times 11 \times 14 \times 3$	6	14	3
13					$6 \times 13 \times 16 \times 3.5$	6	16	3.5
16					$6 \times 16 \times 20 \times 4$	6	20	4
18					$6 \times 18 \times 22 \times 5$	6	22	5
21					$6 \times 21 \times 25 \times 5$	6	25	5
23	$6 \times 23 \times 26 \times 6$	6	26	6	$6 \times 23 \times 28 \times 6$	6	28	6
26	$6 \times 26 \times 30 \times 6$	6	30	6	$6 \times 26 \times 32 \times 6$	6	32	6
28	$6 \times 28 \times 32 \times 7$	6	32	7	$6 \times 28 \times 34 \times 7$	6	34	7
32	$8 \times 32 \times 36 \times 6$	8	36	6	$8 \times 32 \times 38 \times 6$	8	38	6
36	$8 \times 36 \times 40 \times 7$	8	40	7	$8 \times 36 \times 42 \times 7$	8	42	7
42	$8 \times 42 \times 46 \times 8$	8	46	8	$8 \times 42 \times 48 \times 8$	8	48	8
46	$8 \times 46 \times 50 \times 9$	8	50	9	$8 \times 46 \times 54 \times 9$	8	54	9
52	$8 \times 52 \times 58 \times 10$	8	58	10	$8 \times 52 \times 60 \times 10$	8	60	10
56	$8 \times 56 \times 62 \times 10$	8	62	10	$8 \times 56 \times 65 \times 10$	8	65	10
62	$8 \times 62 \times 68 \times 12$	8	68	12	$8 \times 62 \times 72 \times 12$	8	72	12
72	$10 \times 72 \times 78 \times 12$	10	78	12	$10 \times 72 \times 82 \times 12$	10	82	12
82	$10 \times 82 \times 88 \times 12$	10	88	12	$10 \times 82 \times 92 \times 12$	10	92	12
92	$10 \times 92 \times 98 \times 14$	10	98	14	$10 \times 92 \times 102 \times 14$	10	102	14
102	$10 \times 102 \times 108 \times 16$	10	108	16	$10 \times 102 \times 112 \times 16$	10	112	16
112	$10 \times 112 \times 120 \times 18$	10	120	18	$10 \times 112 \times 125 \times 18$	10	125	18

2. 矩形花键的定心

花键连接中的主要尺寸有 3 个，为保证使用性能、改善加工工艺，只选择一个结合面作为主要配合面，对其规定较高的精度，以保证配合性质和定心精度。国标 GB/T 1144—2001 规定矩形花键用小径定心。采用小径定心时，对热处理后的变形，外花键采用成型磨削、内花键用内圆磨削修正。

6.2.2 矩形花键连接的公差配合

1. 矩形花键的尺寸公差

矩形花键配合的精度，尺寸公差按其使用要求分为一般用和精密传动用两种。精密级适用于机床变速箱中，其定心精度要求高或传递扭矩较大；一般级适用于汽车、拖拉机的变速箱中。内、外花键的尺寸公差带和装配形式如表6-4所示。为减少专用刀具和量具的数量，花键连接采用基孔制配合，即内花键 d、D 和 B 的基本偏差不变，依靠改变外花键 d、D 和 B 的基本偏差而获得不同的配合。

矩形花键连接的公差配合

表6-4　　　　　　内、外花键的尺寸公差带（摘自 GB/T 1144－2001）

内 花 键				外 花 键			
d	D	B		d	D	B	装配形式
		拉削后不热处理	拉削后热处理				
一 般 用							
H7	H10	H9	H11	f7	a11	d10	滑动
				g7		f9	紧滑动
				h7		h10	固定
精密传动用							
H5	H10	H7、H9		f5	a11	d8	滑动
				g5		f7	紧滑动
				h5		h8	固定
H6				f6		d8	滑动
				g6		f7	紧滑动
				h6		h8	固定

当内花键小径 d 的公差带为 H6 和 H7 时，允许与较高一级的外花键配合。对于精密传动用内花键，当连接要求键槽配合间隙较小时，键槽宽公差带选用 H7，一般情况选用 H9。对于一般用的内花键槽宽规定了两种公差带：拉削后不再需要进行热处理的，公差带为 H9；拉削后需要进行热处理的，其键槽宽的变形不易修正，为补偿热处理变形，公差带为 H11。

在一般情况下，以小径 d 定心的公差带，内、外花键的公差等级相同。这个不同于普通光滑孔、轴配合，主要是考虑到花键采用小径定心使拉削加工难度由内花键转为外花键。考虑到在实际工作中，有可能出现外花键的定心直径公差等级高于内花键的定心直径公差等级的情况，此时允许内花键与提高一级的外花键配合。公差带为 H7 的内花键可以与公差带为 f6、g6、h6 的外花键配合，公差带为 H6 的内花键可以与公差带为 f5、g5、h5 的外花键配合。大径 D 与键（槽）宽 B 的公差等级较低，并且对 B 的要求比 D 严格。

2. 花键尺寸公差带的选择原则

定心精度要求高或传递扭矩大时，应选用精密传动用尺寸公差带，反之可选用一般用的尺寸公差带。

内、外花键的配合（装配形式）分为滑动、紧滑动和固定 3 种。其中，滑动连接的间隙较大，紧滑动连接的间隙次之，固定连接的间隙最小。

花键的配合类型可根据使用条件来选取，首先应根据内、外花键之间是否有轴向移动，确定是固定连接还是非固定连接。对于内、外花键之间相对固定，无轴向滑动要求时，则选择固定连接。对于内、外花键之间要求有相对移动，而且移动距离长、移动频率高的情况，应选择配合间隙较大的滑动连接，使配合面间有足够的润滑油层，以保证运动灵活。例如，汽车、拖拉机等变速箱中的齿轮与轴的连接。对于内、外花键之间有相对移动、定心精度要求高、传递扭矩大或经常有反向转动的情况，则应选择配合间隙较小的紧滑动连接。表 6-5 所示列出了几种配合应用情况的推荐，可供设计时参考。

表 6-5　　　　　　　　　　　　矩形花键配合应用的推荐

应用	固 定 连 接		滑 动 连 接	
	配合	特征及应用	配合	特征及应用
精密传动用	$\frac{H5}{h5}$	紧固程度较高，可传递大扭矩	$\frac{H5}{g5}$	可滑动程度较低，定心精度高，传递扭矩大
	$\frac{H6}{h6}$	传递中等扭矩	$\frac{H6}{f6}$	可滑动程度中等，定心精度较高，传递中等扭矩
一般用	$\frac{H7}{h7}$	紧固程度较低，传递扭矩较小，可经常拆卸	$\frac{H7}{f7}$	移动频率高，移动长度大，定心精度要求不高

6.2.3　矩形花键连接的几何公差及表面粗糙度

由于几何误差对花键连接的装配性能和传递扭矩与运动的性能影响很大，因此国家标准对矩形花键规定了几何公差，包括小径 d 的形状公差和花键的位置度公差等。

国家标准对矩形花键的几何公差进行以下规定。

（1）小径结合面应遵守包容要求。为了保证定心表面的配合性质，内、外花键小径（定心直径）的尺寸公差和几何公差的关系必须采用包容要求。

（2）在大批量生产条件下，花键的位置度公差应遵守最大实体要求。由于对矩形花键的几何公差一般用花键综合量规检验，因此位置度公差应遵守最大实体要求。花键的位置度公差综合控制花键各键之间的角位移、各键对轴线的对称度误差以及各键对轴线的平行度误差等。其图样标注如图 6-10 所示，表 6-6 所示为矩形花键的位置度公差值。

表 6-6　　　　　　矩形花键位置度公差值 t_1（摘自 GB/T 1144－2001）　　　　（单位：mm）

键槽宽或键宽 B		3	3.5～6	7～10	12～18
		t_1			
键槽宽		0.010	0.015	0.020	0.025
键宽	滑动、固定	0.010	0.015	0.020	0.025
	紧滑动	0.006	0.010	0.013	0.016

（3）单件、小批量生产时，键与键槽的对称度公差应遵守独立原则。为了控制花键的几何误差，一般在图样上分别规定花键的对称度和等分度公差并遵守独立原则，又因两者同值，故

等分度公差省略不注。其对称度公差在图样上的标注如图 6-11 所示。表 6-7 所示为矩形花键的对称度公差值。

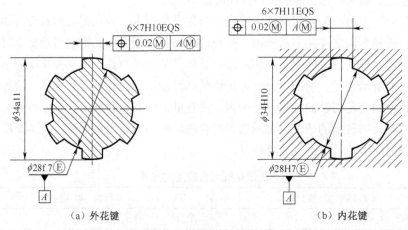

（a）外花键　　　　　　　　　　　　（b）内花键

图 6-10　花键位置度公差标注

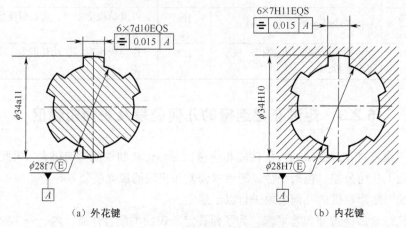

（a）外花键　　　　　　　　　　　　（b）内花键

图 6-11　花键对称度公差标注示例

表 6-7　　　　　　　　　　　矩形花键对称度公差值 t_2（GB/T 1144—2001）

键（槽）宽 B		3	3.5～6	7～10	12～18
t_2	一般用	0.010	0.012	0.015	0.018
	精密传动用	0.006	0.008	0.009	0.011

矩形花键各结合表面的表面粗糙度要求如表 6-8 所示。

表 6-8　　　　　　　　　　　矩形花键各结合面的表面粗糙度推荐值

加 工 表 面	内 花 键	外 花 键
	Ra 不大于	
大径	6.3	3.2
小径	0.8	0.8
键侧	3.2	0.8

练习与思考

（1）平键连接主要有哪些几何参数？键宽与键槽宽的配合采用的是什么基准制？为什么？

（2）平键连接有哪些配合种类？它们分别应用于什么场合？

（3）键连接中为什么对键（槽）宽度规定了较严格的公差？

（4）矩形花键定心方式是什么？矩形花键有哪几种定心方式？国家标准为什么规定只采用小径定心？

（5）矩形花键连接的配合有哪几种？各适用于什么场合？影响花键连接的配合性质的因素有哪些？

（6）某减速器中的轴和齿轮间采用普通平键连接，已知轴和齿轮孔的配合是 $6 \times 26 \dfrac{H7}{g6} \times 30 \dfrac{H10}{a11} \times 6 \dfrac{H11}{f9}$，选用平键松连接，键长 50mm，试确定键、轴槽及轮毂槽各有关参数及其公差与配合。

（7）试说明矩形花键连接的标记代号：$6 \times 26 \dfrac{H7}{g6} \times 30 \dfrac{H10}{a11} \times 6 \dfrac{H11}{f9}$ 的全部含义，并确定内、外花键主要尺寸的极限偏差及极限尺寸。

第7章

普通螺纹的公差及检测

7.1 螺纹的牙型与几何参数

螺纹在机器上的应用十分广泛，按螺纹结合性质和使用要求可分为普通螺纹、传动螺纹和密封螺纹。

普通螺纹的基本几何参数包括原始三角形高度、牙型、公称直径（大径）、中径、小径、螺距、导程、牙型角及牙型半角、牙侧角、螺纹旋合长度螺纹升角及单一中径等。螺纹的主要几何参数包括公称直径、中径、小径、螺距、牙型半角及旋向等。在加工过程中，这些参数都不可避免地会产生一定的偏差，这些偏差将会影响到螺纹的结合性能。普通螺纹的基本几何参数如表 7-1 所示，螺纹的基本牙型和几何参数如图 7-1 所示。

螺纹几何参数

螺纹几何参数
对互换性的影响

表 7-1 　　　　　　　　　普通螺纹的基本几何参数（GB/T 14791—2013）

参　数		代　号		定　义
		内螺纹	外螺纹	
原始三角形高度		H		原始等边三角形顶点到底边的垂直距离
牙型角		α		在螺纹牙型上相邻两牙侧间的夹角。普通螺纹的理论牙型角为 $60°$，牙型半角为 $30°$
螺纹直径	螺纹大径	D	d	与外螺纹牙顶或内螺纹牙底相切的假想圆柱（或圆锥）的直径。国家标准规定大径作为螺纹的公称直径
	螺纹小径	D_1	d_1	与外螺纹牙底或内螺纹牙顶相切的假想圆柱（或圆锥）的直径
	螺纹中径	D_2	d_2	牙型宽与牙槽宽相等处的一个假想圆柱面的直径。该圆柱（圆锥）母线通过圆柱（圆锥）螺纹线上牙厚与牙槽宽相等的地方
	顶径	D_1	d	与外螺纹牙顶或内螺纹牙顶相切的假想圆柱（或圆锥）的直径

续表

参　数	代　号		定　义
	内螺纹	外螺纹	
螺距		P	相邻两牙体上的对应牙侧与中径线相交两点间的轴向距离
导程		P_h	最邻近的两同名牙侧与中径线相交两点间的轴向距离
螺纹旋合长度		L	两个配合螺纹的有效螺纹相互接触的轴向长度
升角		φ	在中径圆柱（中径圆锥）上螺旋线的切线与垂直于螺纹轴线的平面间的夹角
单一中径	D_{2s}	d_{2s}	一个假想圆柱或圆锥的直径，该圆柱或圆锥的母线通过实际螺纹上牙槽宽度等于半个基本螺距的地方

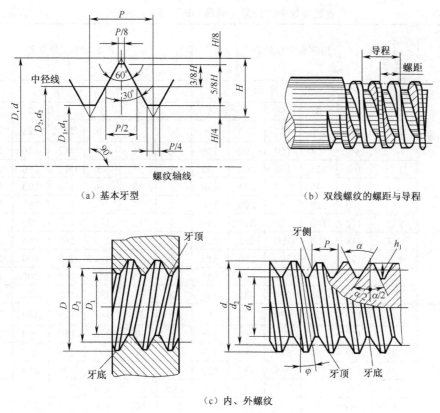

（a）基本牙型　　　　　　　　（b）双线螺纹的螺距与导程

（c）内、外螺纹

图 7-1　螺纹的基本牙型和几何参数

7.2 普通螺纹的公差与配合

　　螺纹公差带由公差等级（大小）和基本偏差（位置）决定。螺纹公差带以基本牙型轮廓为零线，沿基本牙型的牙侧、牙顶、牙底分布，且中、顶径偏差在垂直于螺纹轴线的方向计量。

7.2.1　螺纹的公差等级

国家标准对内、外螺纹规定了不同的公差等级。内、外螺纹的公差等级如表 7-2 所示。

表 7-2　　　　　　　　　　　　　内、外螺纹公差等级

螺纹直径	公差等级	螺纹直径	公差等级
内螺纹小径 D_1	4、5、6、7、8	外螺纹大径 d	4、6、8
内螺纹中径 D_2	4、5、6、7、8	外螺纹中径 d_2	3、4、5、6、7、8

其中，3 级精度最高，9 级精度最低，一般 6 级为基本级。各级公差值如表 7-3 和表 7-4 所示。

表 7-3　　　　　　　普通螺纹中径公差（摘自 GB/T 197—2003）　　　　（单位：μm）

公称直径 D/mm >	≤	螺距 P/mm	内螺纹中径公差 T_{D_2} 公差等级					外螺纹中径公差 T_{d_2} 公差等级						
			4	5	6	7	8	3	4	5	6	7	8	9
5.6	11.2	0.75	85	106	132	170	—	50	63	80	100	125	—	—
		1	95	118	150	190	236	56	71	90	112	140	180	224
		1.25	100	125	160	200	250	60	75	95	118	150	190	236
		1.5	112	140	180	224	280	67	85	106	132	170	212	265
11.2	22.4	1	100	125	160	200	250	60	75	95	118	150	190	236
		1.25	112	140	180	224	280	67	85	106	132	170	212	265
		1.5	118	150	190	236	300	71	90	112	140	180	224	280
		1.75	125	160	200	250	315	75	95	118	150	190	236	300
		2	132	170	212	265	335	80	100	125	160	200	250	315
		2.5	140	180	224	280	355	85	106	132	170	212	265	335
22.4	45	1	106	132	170	212	—	63	80	100	125	160	200	250
		1.5	125	160	200	250	315	75	95	118	150	190	236	300
		2	140	180	224	280	355	85	106	132	170	212	265	335
		3	170	212	265	335	425	100	125	160	200	250	315	400
		3.5	180	224	280	335	450	106	132	170	212	265	355	425
		4	190	236	300	375	475	112	140	180	224	280	355	450
		4.5	200	250	315	400	500	118	150	190	236	300	375	475

表 7-4　　　　　普通螺纹基本偏差和顶径公差（摘自 GB/T 197—2003）　　　（单位：μm）

螺距 P/mm	内螺纹的基本偏差 EI		外螺纹的基本偏差 es				内螺纹小径公差 T_{D_1}					外螺纹大径公差 T_d		
	G	H	e	f	g	h	4	5	6	7	8	4	6	8
1	26	0	−60	−40	−26	0	150	190	236	300	375	112	180	280
1.25	28		−63	−42	−28		170	212	265	335	425	132	212	335
1.5	32		−67	−45	−32		190	236	300	375	475	150	236	375
1.75	34		−71	−48	−34		212	265	335	425	530	170	265	425

螺距 P/mm	内螺纹的基本偏差 EI		外螺纹的基本偏差 es				内螺纹小径公差 T_{D_1}					外螺纹大径公差 T_d		
	G	H	e	f	g	h	4	5	6	7	8	4	6	8
2	38		−71	−52	−38		236	300	375	450	600	180	280	450
2.5	42		−80	−58	−42		280	355	450	560	710	212	335	530
3	48	0	−85	−63	−48	0	315	400	500	630	800	236	375	600
3.5	53		−90	−70	−53		355	450	560	710	900	265	425	670
4	60		−95	−75	−60		375	475	600	750	950	300	475	750

对牙底处内螺纹的大径和外螺纹的小径不规定具体公差值，而只规定内、外螺纹牙底实际轮廓不得超过基本偏差所确定的最大实体牙型，即保证在旋合时不发生干涉。

7.2.2　螺纹的基本偏差

螺纹的基本偏差是指公差带两极限偏差中靠近零线的那个偏差，它确定了公差带相对基本牙型的位置。由于螺纹连接的配合性质只能是间隙配合，故内螺纹的基本偏差是下极限偏差（EI），外螺纹的基本偏差是上极限偏差（es）。

国标 GB/T 197—2003 对内螺纹规定了两种基本偏差，其代号为 G、H，如图 7-2（a）、（b）所示。对外螺纹规定了 4 种基本偏差，其代号为 e、f、g、h，如图 7-2（c）、（d）所示。

螺纹的基本偏差

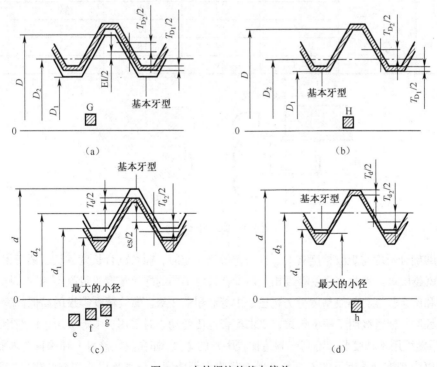

图 7-2　内外螺纹的基本偏差

7.2.3　螺纹的旋合长度

国家标准规定了长、中、短 3 种旋合长度，分别用代号 L、N、S 表示。其数值如表 7-5 所示。一般情况下选用中等旋合长度 N，只有当结构或强度上需要时，才用短旋合长度 S 或长旋合长度 L。螺纹旋合长度如图 7-3 所示。

表 7-5　　　　　　　　　普通螺纹旋合长度（摘自 GB/T 197－2003）　　　　　　　（单位：mm）

公称直径		螺距 P	旋合长度			
D、d			S	N		L
>	≤		≤	>	≤	>
5.6	11.2	0.75	2.4	2.4	7.1	7.1
		1	3	3	9	9
		1.25	4	4	12	12
		1.5	5	5	15	15
11.2	22.4	1	3.8	3.8	11	11
		1.25	4.5	4.5	13	13
		1.5	5.6	5.6	16	16
		1.75	6	6	18	18
		2	8	8	24	24
		2.5	10	10	30	30
22.4	45	1	4	4	12	12
		1.5	6.3	6.3	19	19
		2	8.5	8.5	25	25
		3	12	12	36	36
		3.5	15	15	45	45
		4	18	18	53	53
		4.5	21	21	63	63

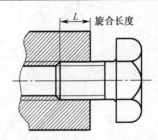

图 7-3　螺纹旋合长度

螺纹的旋合长度与螺纹精度有关，当公差等级一定时，螺纹旋合长度越长，螺距累积偏差越大，加工就越困难。因此，公差等级相同而旋合长度不同的螺纹精度等级就不相同。标准按螺纹公差等级和旋合长度将螺纹精度分为精密、中等和粗糙 3 级。螺纹精度等级的高低代表着螺纹加工的难易程度。精密级用于精密螺纹，要求配合性质变动小时采用；中等级用于一般用途的机械和构件；粗糙级用于精度要求不高或制造比较困难的螺纹，如在热轧棒料上和深盲孔内加工螺纹。

一般以中等旋合长度下的 6 级公差等级作为中等精度，精密与粗糙都与此相比较而言。

7.2.4　螺纹的公差带选用

为减少刀具、量具规格及数量，提高经济效益，国标 GB/T 197—2003 对内螺纹规定了 11 个选用公差带，对外螺纹规定了 13 个选用公差带，如表 7-6 和表 7-7 所示。

表 7-6　　　　　　内螺纹选用公差带（摘自 GB/T 197—2003）

精　　度	公差带位置 G			公差带位置 H		
	S	N	L	S	N	L
精密				4H	4H 5H	5H 6H
中等	(5G)	(6G)	(7G)	*5H	【*6H】	【*7H】
粗糙		(7G)			7H	

注：大量生产的精致紧固螺纹，推荐采用方括号内的公差带；带"*"号的公差带优先选用，括号内的公差带尽可能不用。

表 7-7　　　　　　　外螺纹选用公差带（摘自 GB/T 197—2003）

精度	公差带位置 e			公差带位置 f			公差带位置 g			公差带位置 h		
	S	N	L	S	N	L	S	N	L	S	N	L
精密								(3h 4h)	*4h	(5h 4h)		
中等		*6e			*6f		(5g 6g)	【*6g】	(7g 6g)	(5h 6h)	*6h	(7h 6h)
粗糙								8g			(8h)	

注：大量生产的精致紧固螺纹，推荐采用方括号内的公差带；带"*"号的公差带优先选用，括号内的公差带尽可能不用。

内、外螺纹配合时选用范围如下。

间隙为零的配合 H/h：通常用于内、外螺纹具有较高的同轴度，并有足够的接触高度和结合强度的场合。较小间隙的配合 H/g 或 G/h：用于要保证间隙，需要拆卸方便的螺纹。小间隙配合 H、G 与 e、f、g，其用途如下。

（1）用于需要镀层的螺纹，其基本偏差按所需镀层厚度确定。内螺纹较难镀层，涂镀对象主要是外螺纹，当镀层厚度为 10μm、20μm、30μm 时，可分别选用 g、f、e 与 H 组成配合。当内、外螺纹均需要涂镀时，可采用 G/e、G/f。

（2）用于高温条件下工作的螺纹，应保证足够间隙以防卡死。可根据工作时的温度来确定配合，一般当温度低于 450℃时可选 H/g，温度高于 450℃时可选 H/f、H/e。

7.3
螺纹的测量

螺纹的检测可分为综合检验和单项测量。

1.　综合检验

在实际生产中，通常采用螺纹量规和光滑极限量规联合检验螺纹的合格性。如图 7-4 所示，

图 7-4（a）中的卡规用来检验外螺纹的大径，螺纹环规通端用来检验外螺纹作用中径和小径的上极限尺寸，应有完整的牙型，其螺纹长度要与被测螺纹旋合长度相当（至少等于被测工件旋合长度的 80%）。螺纹环规通端旋过被测螺纹为合格。螺纹环规止端只用来检验外螺纹实际中径是否超过外螺纹中径的下极限尺寸，螺纹环规止端不应旋过合格的螺纹，但可以旋入不超过两个螺距的旋合量。为了消除螺距偏差和牙型半角偏差的影响，螺纹环规止端做成截短牙型，且螺纹圈数只有 2～3.5 圈。

在图 7-4（b）中，光滑塞规用来检验内螺纹的小径，螺纹塞规通端用来检验内螺纹作用中径和大径的下极限尺寸，应有完整的牙型和与被测螺纹相当的螺纹长度。螺纹塞规止端只用来检验内螺纹实际中径，采用截短牙型和较少的螺纹圈数，旋合量要求与螺纹环规相同。

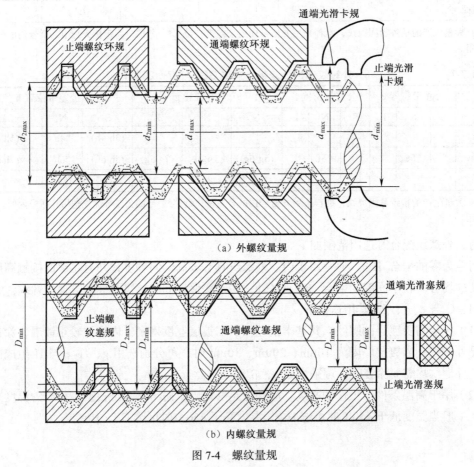

（a）外螺纹量规

（b）内螺纹量规

图 7-4　螺纹量规

2. 单项测量

单项测量，一般是分别测量螺纹的每个参数，主要测中径、螺距、牙型半角和顶径。单项测量主要用于螺纹工件的工艺分析或螺纹量规和螺纹刀具的质量检查。

（1）用螺纹千分尺测量外螺纹中径。在实际生产中，车间测量低精度螺纹常用螺纹千分尺。螺纹千分尺的结构和一般外径千分尺相似，只是两个测量面可以根据不同螺纹牙型和螺距选用不同的测量头。螺纹千分尺结构如图 7-5 所示。

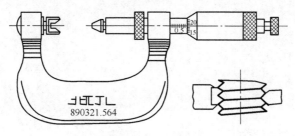

图 7-5　螺纹千分尺

（2）三针量法。三针量法是一种间接测量方法，主要用于测量精密螺纹（如丝杠、螺纹塞规）的中径 d_2，如图 7-6 所示。根据被测螺纹的螺距和牙型半角选取 3 根直径相同的小圆柱（直径为 d_0）放在牙槽里，用量仪（机械测微仪、光学计、测长仪等）量出尺寸 M 值，然后根据被测螺纹已知的螺距 P、牙型半角 $\dfrac{\alpha}{2}$ 和量针直径 d_0，按下式计算螺纹中径的实际尺寸。

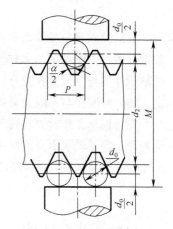

$$d_2 = M - d_0(1 + 1/\sin\frac{\alpha}{2}) + P(\cot\frac{\alpha}{2})/2$$

对于公制普通螺纹 $\alpha = 60°$

则　　　　　　　　$d_2 = M - 3d_0 + 0.866P$

为避免牙型半角偏差对测量结果的影响，量针直径应按照螺纹螺距选取，使量针在中径线上与牙侧接触，这样的量针直径称为最佳量针直径 $d_{0\text{最佳}}$。

$d_{0\text{最佳}} = P/2 \times \cos\dfrac{\alpha}{2}$；对米制普通螺纹 $d_{0\text{最佳}} = 0.433P$

图 7-6　三针量法测中径

（3）用工具显微镜测量螺纹各参数。用工具显微镜测量属于影像法测量，能测量螺纹的各种参数，如测量螺纹的大径、中径、小径、螺距和牙型半角等。各种精密螺纹，如螺纹量规、丝杠、螺杆、滚刀等，都可在工具显微镜上进行测量。测量时可参阅有关仪器使用说明资料。

练习与思考

（1）试述普通螺纹的基本几何参数有哪些？

（2）影响螺纹互换性的主要因素有哪些？

（3）为什么螺纹精度由螺纹公差带和螺纹旋合长度共同决定？

（4）螺纹中径、单一中径和作用中径三者有何区别和联系？

（5）普通螺纹中径公差分几级？内外螺纹有何不同？常用的是多少级？

（6）一对螺纹配合代号为 M16，试查表确定内、外螺纹的基本中径、小径和大径的公称尺寸和极限偏差，并计算内、外螺纹的基本中径、小径和大径的极限尺寸。

第8章

滚动轴承的公差与配合

滚动轴承是机械制造业中应用极为广泛的一种标准部件。它的基本结构如图 8-1 所示，一般由外圈、内圈、滚动体和保持架组成；公称直径为 d 的轴承内圈与轴颈配合，公称外径为 D 的轴承外圈与轴承座孔配合，属于典型的光滑圆柱连接；但由于它的结构特点和功能要求所决定，其公差配合与一般光滑圆柱连接要求不同。

滚动轴承工作时要求转动平稳、旋转精度高、噪声小。为了保证滚动轴承的工作性能与使用寿命，除了轴承本身的制造精度外，还要正确选择轴和轴承座孔与轴承的配合，传动轴和轴承座孔的尺寸精度、几何精度以及表面粗糙度等。

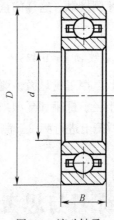

图 8-1　滚动轴承

8.1

滚动轴承的精度等级及其应用

8.1.1　滚动轴承的精度等级

滚动轴承的精度是按其外形尺寸公差和旋转精度分级的。

外形尺寸公差是指成套轴承的内径、外径和宽度尺寸公差；旋转精度主要指轴承内、外圈的径向跳动，端面对滚道的跳动和端面对内孔的跳动等。

国家标准 GB/T 307.1—2005 规定轴承制造精度用公差等级分为五级，即 0 级、6（6x）级、5 级、4 级、2 级，其中 0 级最低，依次升高，2 级最高，代号分别为 P0、P6、P6x、P5、P4、P2。

轴承精度等级的选用如下。

P0 级——它通常称为普通级，用于低、中速及旋转精度要求不高的一般旋转机构，在机械中应用最广。例如，用于普通机床变速箱、进给箱的轴承，汽车、拖拉机变速箱的轴承，普通电动机、水泵、压缩机等旋转机构中的轴承等。

P6 级——它用于转速较高、旋转精度要求较高的旋转机构。例如，用于普通机床的主轴、后轴承、精密机床变速箱的轴承等。

P5, P4 级——它用于高速、高旋转精度要求的机构。例如，用于精密机床的主轴承，精密仪器仪表的主要轴承等。

P2 级——它用于转速很高、旋转精度要求也很高的机构。例如，用于齿轮磨床、精密坐标镗床的主轴轴承，高精度仪器、仪表及其他高精度精密机械的主要轴承。

8.1.2　滚动轴承的配合

滚动轴承是标准部件，为了组织专业化生产，便于互换，轴承内圈内径与轴采用基孔制配合，外圈外径与轴承座孔采用基轴制配合。它们的配合性质应保证轴承的工作性能，因此必须满足以下两项要求。

（1）合理必要的旋转精度。轴承工作时其内外圈和端面的跳动能引起机件运转不平稳，从而导致振动和噪声。

（2）滚动体与套圈之间有合适的径向游隙和轴向游隙，如图 8-2 所示，此游隙指在非预紧和不必承受任何外载荷状态下的游隙。

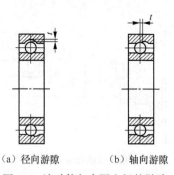

（a）径向游隙　　　（b）轴向游隙

图 8-2　滚动体与套圈之间的游隙

滚动轴承的游隙指一个套圈固定时，另一个套圈沿径向或轴向由一个极端位置到另一个极端位置的最大活动量。

径向或轴向游隙过大，均会引起轴承较大的振动和噪声以及转轴的轴向或径向窜动。游隙过小，则因滚动体与套圈之间产生较大的接触应力而摩擦发热，以致使轴承寿命下降。

游隙代号分为 6 组，常用基本组代号为 0，且一般不标注。

公差等级代号与游隙代号需同时表示时，可进行简化，取公差等级代号加上游隙组号（0 组号不表示）组合表示。0 组称基本组，其他组称辅助组，为 C1、C2、C3、C4、C5 组，其游隙依次由小到大。滚动轴承径向游隙数值表见 GB/T 4604.1—2012。

8.2 滚动轴承的公差与检测

8.2.1 滚动轴承的尺寸公差

国家标准 GB/T 275—2015 对与 P0 级和 P6 级轴承配合的轴颈公差带规定了 17 种，对轴承座孔的公差带规定了 16 种，如图 8-3 所示。

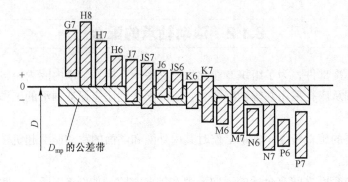

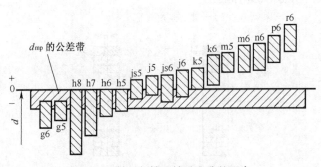

图 8-3　轴承与轴和轴承座孔的配合

8.2.2 滚动轴承与轴和轴承座孔配合的选择

正确地选择与滚动轴承的配合，对保证机器正常运转，充分发挥其承载能力，延长使用寿命，都有很重要的关系。配合的选择就是确定与轴承相配合的轴颈和轴承座孔的公差带。选择时主要依据下列因素。

1. 轴承套圈相对于载荷的类型

（1）套圈相对于载荷方向固定——定向载荷。它指径向载荷始终作用在套圈滚道的局部区域，图 8-4（a）所示的不旋转的外圈和图 8-4（b）所示的不旋转的内圈均受到一个方向一定的径向载荷 F_0 的作用。

（2）套圈相对于载荷方向旋转——旋转负荷。它指作用于轴承上的合成径向载荷与套圈相对旋转，并依次作用在该套圈的整个圆周滚道上。图 8-4（a）所示的旋转的内圈和图 8-4（b）所示的旋转的外圈均受到一个作用位置依次改变的径向载荷 F_0 的作用。

（3）套圈相对于负荷方向摆动——摆动载荷。它指大小和方向按一定规律变化的径向载荷作用在套圈的部分滚道上，图 8-4（c）所示的不旋转的外圈和图 8-4（d）所示的不旋转的内圈均受到定向载荷 F_0 和较小的旋转载荷 F_1 的同时作用，两者的合成载荷在 A～B 区域内摆动。

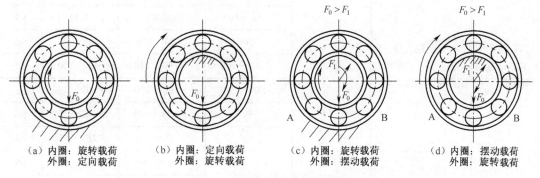

（a）内圈：旋转载荷　　（b）内圈：定向载荷　　（c）内圈：旋转载荷　　（d）内圈：摆动载荷
　　　外圈：定向载荷　　　　　外圈：旋转载荷　　　　　外圈：摆动载荷　　　　　外圈：旋转载荷

图 8-4　轴承套圈承受载荷的类型

通常受定向载荷的套圈其配合应选稍松一些，让套圈在工作中偶尔产生少许转位，从而改变受力状态，使滚道磨损均匀，延长轴承使用寿命。受旋转载荷的套圈，其配合应选紧一些，以防止套圈在轴颈上或轴承座孔的配合表面打滑，引起配合表面发热、磨损，影响正常工作。受摆动载荷的套圈，其配合的松紧程度一般与受旋转载荷的套圈相同或稍松些。

2. 载荷的大小

载荷的大小可用当量径向动载荷 F 与轴承的额定动载荷 C 的比值来区分。一般规定，当 $F_r \leqslant 0.07C_r$ 时，称为轻载荷；当 $0.07C_r \leqslant F_t \leqslant 0.15C_r$ 时，为正常载荷；当 $F_r > 0.15C_r$ 时，为重载荷。

选择滚动轴承与轴和轴承座孔的配合与载荷大小有关。载荷越大，过盈量应选得越大，因为在重载荷作用下，轴承套圈容易变形，使配合面受力不均匀，引起配合松动。因此，承受轻载荷、正常载荷、重载荷的轴承与轴颈和轴承座孔的配合应依次越来越紧。

3. 其他因素

工作温度的影响，滚动轴承一般在低于 100℃ 的温度下工作，如在高温下工作，其配合应予以调整。一般情况下，轴承的旋转精度越高，旋转速度越高，则应选择越紧的配合。

滚动轴承与轴和轴承座孔配合的选择是综合上述各因素用类比法进行的。表 8-1 和表 8-2 列出了常用配合的选用资料，供选用时参考。

表 8-1　　　　　向心轴承和轴的配合——轴公差带代号（GB/T 275－2015）

运转状态		载荷状态	深沟球轴承、调心球轴承和角接触球轴承	圆柱滚子轴承和圆锥滚子轴承	调心滚子轴承	公差带
说明	举例		轴承公称直径/mm			
			≤18	—	—	h5
	输送机、轻载齿轮箱	轻载荷	>18～100	≤40	≤40	j6
			>100～200	>40～140	>40～100	k6
			—	>140～200	>100～200	m6
内圈承受旋转载荷或方向不定载荷	一般通用机械、电动机、泵、内燃机、正齿轮传动装置	正常载荷	≤18	—	—	j5　js5
			>18～100	≤40	≤40	k5
			>100～140	>40～100	>40～65	m5
			>140～200	>100～140	>65～100	m6
			>200～280	>140～200	>100～140	n6
			—	>200～400	>140～280	p6
			—	—	>280～500	r6
	铁路机车车辆轴箱、破碎机等	重载荷	—	>50～140	>50～100	n6
			—	>140～200	>50～140	p6
			—	>200	>140～200	r6
			—	—	>200	r7
内圈承受固定载荷	非旋转轴上的各种轮子	所有载荷	内圈需在轴向易移动	所有尺寸		f6 g6
	张紧轮、绳轮		内圈不需在轴向易移动			h6 j6
仅有轴向载荷			所有尺寸			j6、js6
圆锥孔轴承						
所有载荷	铁路机车车辆轴箱	装在退卸套上的所有尺寸				h8(IT6)
	一般机械传动	装在紧定套上的所有尺寸				h9(IT7)

注：1. 凡对精度有较高要求的场合，应用 j5、k5、m5 代替 j6、k6、m6。

2. 圆锥滚子轴承、角接触球轴承配合对游隙影响不大，可用 k6、m6 代替 k5、m5。

3. 重负荷下轴承游隙应选大于 N 组。

4. 凡精度要求较高或转速要求较高的场合，应选用 h7（IT5）代替 h8（IT6）等。

5. IT6、IT7 表示圆柱度公差数值。

表 8-2　　　向心轴承和轴承座孔的配合——孔公差带代号（GB/T 275－2015）

运 转 状 态		载 荷 状 态	其 他 状 况	公差带*	
说　明	举　例			球轴承	滚子轴承
外圈承受固定载荷	一般机械、铁路机车车辆轴箱	轻、正常、重	轴向易移动，可采用剖分式外壳	H7、G7**	
		冲击	轴向能移动，可采用整体或剖分式外壳	J7、JS7	
方向不定载荷	电动机、泵、曲轴主轴承	轻、正常			
		正常、重		K7	
	牵引电机	重、冲击		M7	
外圈承受旋转载荷	皮带张紧	轻	轴向不移动，采用整体式外壳	J7	K7
	轮毂轴承	正常		M7	N7
		重		—	N7、P7

注：* 并列公差带随尺寸的增大从左至右选择，对旋转精度有较高要求时，可相应提高一个公差等级。

　　** 不适用于剖分式轴承座。

8.2.3　配合表面的几何公差和表面粗糙度

为了保证滚动轴承正常工作，除了要正确选择配合之外，还应对轴颈及轴承座孔配合几何公差和表面粗糙度提出要求。为避免套圈安装后产生变形，轴颈和轴承座孔的尺寸公差和几何公差应采用包容要求，并规定更严格的圆柱度公差，对轴肩和轴承座孔端面还应规定端面圆跳动公差。轴颈和轴承座孔的几何公差与表面粗糙度如表 8-3 所示。

表 8-3　　　　　　　　　　　　轴和轴承座孔的几何公差

公称尺寸/mm		圆柱度 t/μm				端面圆跳动 t_1/μm			
		轴　颈		轴承座孔		轴　肩		轴承座孔肩	
		轴承公差等级							
		0	6(6X)	0	6(6X)	0	6(6X)	0	6(6X)
>	≤								
—	6	2.5	1.5	4	2.5	5	3	8	5
6	10	2.5	1.5	4	2.5	6	4	10	6
10	18	3.0	2.0	5	3.0	8	5	12	8
18	30	4.0	2.5	6	4.0	10	6	15	10
30	50	4.0	2.5	7	4.0	12	8	20	12
50	80	5.0	3.0	8	5.0	15	10	25	15
80	120	6.0	4.0	10	6.0	15	10	25	15
120	180	8.0	5.0	12	8.0	20	12	30	20
180	250	10.0	7.0	14	10.0	20	12	30	20
250	315	12.3	8.0	16	12.0	25	15	40	25
315	400	13.0	9.0	18	13.0	25	15	40	25
400	500	15.0	10.0	20	15.0	25	15	40	25

由于滚动轴承是标准件，在具体选择某一型号轴承时，其配合尺寸的公差带已确定。因此，在装配图中轴承内与轴颈配合处只标注轴颈的尺寸与公差带代号，轴承外圈与轴承座孔配合处

只标注孔的尺寸与公差带代号。同时，在轴颈及轴承座孔的零件图中应标注出相应的配合尺寸、几何公差及表面粗糙度要求。配合面及端面的表面粗糙度如表 8-4 所示。

表 8-4   配合面及端面的表面粗糙度

轴或轴承座直径/mm		轴或轴承座配合表面直径公差等级					
		IT7		IT6		IT5	
		表面粗糙度 Ra/μm					
>	≤	磨	车	磨	车	磨	车
—	80	1.6	3.2	0.8	1.6	0.4	0.8
80	500	1.6	3.2	1.6	3.2	0.8	1.6
500	1250	3.2	6.3	1.6	3.2	1.6	3.2
端面		3.2	6.3	6.3	6.3	6.3	3.2

8.2.4 应用举例

【例 8-1】 有一圆柱齿轮减速器，小齿轮要求有较高的旋转精度，装有 0 级单列深沟球轴承，轴承尺寸为 50mm × 110mm × 27mm，额定动载荷 C_r=32 000N，轴承承受的当量径向载荷 F_r=4 000N。试用类比法确定轴颈和轴承座孔的公差带代号，画出公差带图并确定孔、轴的几何公差值和表面粗糙度参数值，将它们分别标注在装配图和零件图上。

解：按已知条件，可算得 F_r=0.125C_r，属正常载荷。

按减速器的工作状况可知，内圈为旋转载荷，外圈为定向载荷，内圈与轴的配合应较紧，外圈与轴承座孔配合应较松。

根据以上分析，参考表 8-1、表 8-2 选用轴颈公差带为 k6（基孔制配合），轴承座孔公差带为 G7 或 H7。但由于轴的旋转精度要求较高，故选用更紧一些的配合，孔公差带为 J7（基轴制配合）较为恰当。

查出 0 级轴承内、外圈单一平面平均直径的上、下极限偏差，再由标准公差数值表和孔、轴基本偏差数值表查出 ϕ50k6 和 110J7 的上、下极限偏差，从而画出公差带图，如图 8-5 所示。

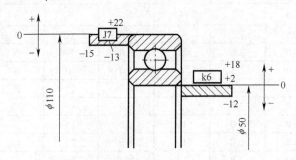

图 8-5 轴承与轴、孔配合的公差带图

从图 8-5 中公差带关系可知：内圈与轴颈配合的 Y_{max}=−0.030mm，Y_{min}=−0.002mm；外圈与轴承座孔配合的 X_{max}=+0.037mm，Y_{max}=−0.013mm。

按表 8-3 选取几何公差值。圆柱度公差：轴颈为 0.004mm，轴承座孔为 0.010mm；端面跳动公差：轴肩为 0.012mm，轴承座孔肩为 0.025mm。

按表 8-4 选取表面粗糙度数值：轴颈表面磨 $Ra \leqslant 0.8\mu m$，轴肩端面车 $Ra \leqslant 3.2\mu m$，轴承座孔表面磨 $Ra \leqslant 1.6\mu m$。

将选择的上述各项公差标注在图上，如图 8-6 所示。

由于滚动轴承是标准部件，因此，在装配图上只需注出轴颈和轴承座孔公差带代号，不标注基准件公差带代号。如图 8-6（a）所示。轴和轴承座孔上的标注如图 8-6（b）、（c）所示。

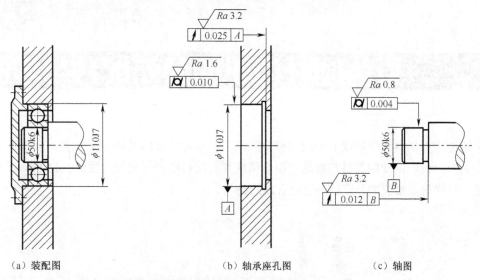

    （a）装配图   （b）轴承座孔图   （c）轴图

图 8-6   轴颈和轴承座孔公差在图样上标注示例

 ## 练习与思考

（1）滚动轴承的精度等级分为哪几级？哪级应用最广？

（2）滚动轴承与轴和轴承座孔配合采用哪种基准制？

（3）滚动轴承内、外径公差带有何特点？为什么？

（4）选择轴承与轴和轴承座孔配合时主要考虑哪些因素？

（5）滚动轴承承受载荷类型不同与选择配合有何关系？

（6）滚动轴承承受载荷大小不同与选择配合有何关系？

（7）某机床转轴上安装 6 级精度的深沟球轴承，其内径为 40mm，外径为 90mm，该轴承受一个 4 000N 的定向载荷，轴承的额定动载荷为 3 100N，内圈随轴一起转动，外圈固定。试确定以下各项。

① 与轴承配合的轴颈、轴承座孔的公差带代号。

② 画出公差带图，计算出内圈与轴、外圈与孔配合的极限间隙、极限过盈。

③ 轴颈和轴承座孔的几何公差和表面粗糙度参数值。

第9章 直齿圆柱齿轮的公差配合与检测

齿轮传动在机器和仪器仪表中应用极为广泛，是一种重要的机械传动形式，通常用来传递运动或动力。齿轮传动的质量与齿轮的制造精度和装配精度密切相关。因此，为了保证齿轮传动质量，就要规定相应的公差，并进行合理的检测。

9.1 齿轮传动的基本要求

齿轮主要用来传递运动和载荷，对齿轮的使用要求归纳为以下 4 方面。

1. 传动的准确性

传动的准确性就是要求齿轮在一转范围内，实际速比相对于理论速比的变动量应限制在允许的范围内，以保证从动齿轮与主动齿轮的运动准确、协调。

2. 传动的平稳性

传动的平稳性就是要求齿轮在一齿范围内，瞬时速比的变动量限制在允许的范围内，以减小齿轮传动中的冲击、振动和噪声，保证传动平稳。

3. 载荷分布的均匀性

载荷分布的均匀性就是要求齿轮啮合时，齿面接触良好，使齿面上的载荷分布均匀，避免载荷集中于局部齿面，使齿面磨损加剧，影响齿轮的使用寿命。

4. 侧隙的合理性

齿轮啮合时，非工作齿面间应有一定的间隙，以便存储润滑油、补偿齿轮受力后的弹性变形、受热变形及制造和安装中产生的误差，以防止齿轮在传动中出现卡死和烧伤，保证齿轮正常运转。

齿轮传动的分类及要求，如表 9-1 所示。

表 9-1 　　　　　　　　　　　　　齿轮传动的分类及要求

分　类	使用场合	要　求
精密装置齿轮	读数装置、分度机构等	传递运动准确且较小侧隙（以减小回程误差）
一般传动齿轮	一般机床变速箱	传动平稳且很小侧隙（以降低噪声）
高速、重载齿轮	汽轮机、减速器等	传递运动准确、平稳，载荷分布均匀且较大侧隙
低速、重载齿轮	矿山机械、起重机械	载荷分布均匀，且较大侧隙

9.2 | 齿轮误差分析

影响齿轮传动使用要求的是齿轮误差。齿轮误差主要源于机床、刀具、夹具和齿轮坯等工艺系统的制造误差（加工及安装误差）。由于齿轮的齿形较复杂，加工工艺系统也较复杂，故齿轮误差分析也较为复杂。下面以滚切直齿圆柱齿轮为例，来分析在切齿过程中所产生的主要误差，以及对齿轮使用性能的影响，如图 9-1 所示。

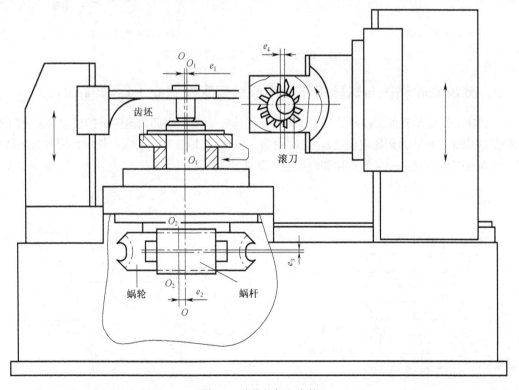

图 9-1　滚齿机加工齿轮

理想直齿圆柱齿轮的几何特性：轮齿分布均匀，具有理论渐开线齿廓、理论齿距、理论齿厚，才能使传递运动准确、平稳，载荷分布均匀。

9.2.1 影响传递运动准确性的误差

实现传递运动准确性的理论条件是在一转内传动比恒定，造成传动比不恒定的主要因素是齿距分布不均匀。误差来源是由以下两种制造误差引起的。

1. 齿坯轴线与机床工作台心轴轴线有偏心（几何偏心）

当齿坯轴线与机床心轴轴线有安装偏心 e_1 时，所加工齿轮一边齿高增高（齿形尖瘦）、另一边齿高减低（齿形粗宽），如图 9-2 所示，致使齿轮在一转内产生径向跳动误差，并且使齿距和齿厚也产生周期性变化，此属径向误差。

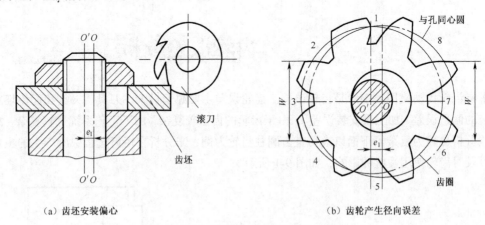

（a）齿坯安装偏心 　　　　　　　　　（b）齿轮产生径向误差

图 9-2　齿坯安装偏心引起齿轮加工误差

2. 分度蜗轮轴线与机床工作台中心线有安装偏心（运动偏心）

当机床分度蜗轮有加工误差及与工作台有安装偏心 e_2 时，引起角速度 ω 的变化 $\Delta\omega$，使工作台按正弦规律以一转为周期时快（$\omega+\Delta\omega$）时慢（$\omega-\Delta\omega$）地旋转，造成齿轮的齿距和公法线长度在瞬时变长或变短，使齿轮产生切向误差，如图 9-3 所示。

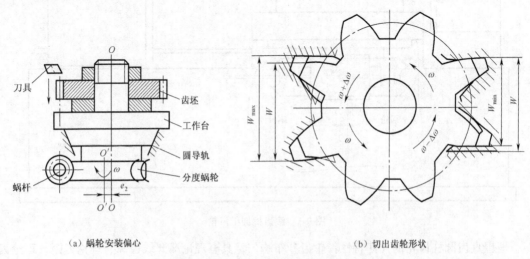

（a）蜗轮安装偏心 　　　　　　　　　（b）切出齿轮形状

图 9-3　蜗轮安装偏心引起齿轮切向误差

经分析归纳出影响运动传递准确性的齿轮误差：径向和切向误差、齿距误差、公法线长度变动误差等。它们均以一转为周期变化，称为长周期误差。

9.2.2 影响运动平稳性的误差

实现运动平稳性的理论条件是瞬时传动比恒定，造成一齿内瞬时传动比变化过大的主要因素是齿形轮廓的变形。误差来源有以下两方面。

影响传递运动
平稳性误差分析

1. 机床分度蜗杆有安装偏心和轴向窜动

机床分度蜗杆有安装偏心 e_3 和轴向窜动，使分度蜗轮（齿坯）转速不均匀，造成齿轮的齿形和齿距误差。

分度蜗杆每转一转，分度蜗轮转过一齿，跳动重复一次，误差出现的频率将等于分度蜗轮的齿数，属高频分量，故称短周期误差。

2. 刀具的制造误差及安装误差

滚刀安装有偏心 e_4、轴线倾斜、轴向跳动及刀具形状误差等，都会反映到被加工的轮齿上，产生齿形和基节误差。

经分析归纳出影响运动平稳性的齿轮误差：一齿内径向和切向误差、齿形轮廓误差、齿距误差、基节误差等。它们均以一齿为周期变化，称为短周期误差。

9.2.3 影响载荷分布均匀性的误差

实现载荷分布均匀的理论条件：在齿轮啮合过程中，从齿顶到齿根沿全齿宽呈线性接触。造成不能完全线性接触的主要影响因素：齿形轮廓误差（沿齿高）和齿向误差（沿齿长）。误差来源于以下几方面。

（1）滚齿机刀架导轨相对工作台轴线不平行。

（2）齿轮坯定位端面与其定位孔基准轴线不垂直。

（3）刀具制造误差、滚刀轴向窜动及径向跳动等。

经分析归纳出影响载荷分布均匀性的齿轮误差有齿廓偏差和螺旋线偏差等。

9.2.4 影响齿轮副侧隙合理性的误差

齿轮副侧隙是装配后形成的，是由中心距和齿厚综合影响的结果。标准规定基中心距制，即在固定中心距极限偏差的情况下，通过改变齿厚大小获得合理侧隙。另外，当齿厚减薄后，公法线实际长度较理论值变短，因此公法线长度变动也可以反映侧隙大小。影响齿轮副合理侧隙的主要因素有中心距偏差、齿厚偏差和公法线长度变动偏差等。

对单个齿轮来说，几何偏心、运动偏心可引起齿厚不均匀。

对齿轮副来说，齿轮副安装误差和传动误差会引起中心距偏差、轴线平行度误差等。

经分析归纳出影响侧隙合理性的齿轮误差有以下几方面。

单个齿轮：齿厚偏差、公法线平均长度偏差。

齿轮副：中心距偏差、轴线平行度误差等。

9.3 齿轮精度评定

9.3.1 齿轮精度评定指标

为了保证齿轮传动的工作质量，必须控制单个齿轮的误差。齿轮误差有单项误差和综合误差，GB/T 10095.1—2008 以及 GB/Z 18620.1—2008 分别介绍了检测项目及测量仪器，如表 9-2 所示。

齿轮副精度检测

表 9-2 齿轮精度评定指标

序号	齿轮工作要求	主要影响因素	齿轮精度评定指标
I	传递运动准确性	齿距分布不均匀（径向误差，切向误差）	切向综合总偏差 径向综合总偏差 径向跳动 齿距累积总偏差 齿距累积偏差（偏重局部控制） 公法线长度变动
II	传递运动平稳性	齿形轮廓的变形（齿形误差、齿距误差、基带误差）	一齿切向综合偏差 一齿径向综合偏差 轮廓总偏差 轮廓形状偏差 轮廓偏斜偏差 单个齿距偏差 基圆齿距偏差
III	载荷分布均匀性	齿形轮廓误差（沿齿高） 齿向误差（沿齿长）	轮廓总偏差 轮廓形状偏差 轮廓偏斜偏差 螺旋线总偏差 螺旋线形状偏差 螺旋线倾斜偏差
IV	侧隙合理性	中心距偏差、齿厚偏差、公法线长度变动偏差	单个齿轮 齿厚偏差 公法线长度偏差 齿轮副 接触斑点 轴线平面内的轴线平行度误差 垂直平面上的轴线平行度误差 中心距偏差

9.3.2 齿轮精度等级

1. 轮齿同侧齿面的精度等级

国标 GB/T 10095.1—2008 对轮齿同侧齿面的 11 项偏差规定了 13 个精度等级，即 0 级，1 级，2 级，……，12 级。其中，0～2 级为超精度级；3～5 级为高精度级；6～9 级为中等精度级；10～12 级为低精度级。它适用于分度圆直径 5～10 000mm、法向模数 0.5～70mm、齿宽 4～1 000mm 的渐开线圆柱齿轮。

2. 径向综合偏差的精度等级

国标 GB/T 10095.2—2008 对径向综合总偏差 F_i'' 和一齿径向综合偏差 f_i'' 规定了 4 级，5 级，……，12 级共 9 个精度等级，其中 4 级最高、12 级最低。它适用的尺寸范围：分度圆直径 5～1 000mm、法向模数 0.2～10mm。

3. 径向跳动的精度等级

国标 GB/T 10095.2—2008 对径向跳动 F_r 规定了 0 级，1 级，……，12 级共 13 个等级，其适用的尺寸范围与轮齿同侧齿面相同。

9.3.3 精度等级的选用

选择齿轮精度等级一般采用参照法，即根据齿轮的用途、使用要求和工作条件，查阅有关参考资料，参照经过实践验证的类似产品的精度进行选用。在进行参照时应注意以下问题。

（1）掌握不同精度等级的应用范围。表 9-3 所示为一些机械或机构所常用的齿轮精度等级。

表 9-3   一些机械或机构常用的齿轮精度

应 用 范 围	精 度 等 级	应 用 范 围	精 度 等 级
单啮仪、双啮仪	2～5	载重汽车	6～9
蜗轮减速器	3～5	通用减速器	6～9
金属切削机床	3～8	轧钢机	5～10
航空发动机	4～7	矿用绞车	6～10
内燃机车、电气机车	5～8	起重机	6～9
轻型汽车	5～8	拖拉机	6～10

（2）根据使用要求，轮齿同侧面各项偏差的精度等级可以相同，也可以不同。

（3）径向综合总偏差 F_i''，一齿径向综合偏差 f_i'' 及径向跳动 F_r 的精度等级应相同，轮齿同侧面偏差的精度等级可以相同，也可以不相同。

国标 GB/T 10095.1～2—2008 对单个齿轮的 14 项偏差的允许值（公差）都给出了计算公式，根据这些公式计算出的齿轮偏差允许值，经过调整后编制成表格。

对齿轮检验时，没有必要按 14 个偏差项目全部进行检测。

标准规定不是必检的项目有以下几项。

① 齿廓和螺旋线的形状偏差和倾斜偏差（$f_{f\alpha}$、$f_{H\alpha}$、$f_{f\beta}$、$f_{H\beta}$）——为了进行工艺分析或其他某些目的时才用。

② 切向综合偏差（F_i'、f_i'）——可以用来代替齿距偏差。

③ 齿距累积偏差（F_{pk}）——一般高速齿轮使用。

④ 径向综合偏差（F_i''、f_i''）与径向跳动（F_r）——这三项偏差虽然测量方便、快速，但由于反映齿轮误差的情况不够全面，只能作为辅助检验项目。

综上所述，一般情况下齿轮的检验项目：单个齿距偏差（f_{pt}）、齿廓总偏差（F_α）、螺旋线总偏差（F_β）。它们分别控制运动的准确性、平稳性和接触均匀性。

此外，还应检验齿厚偏差（E_{sni}、E_{sns}）以控制齿轮副侧隙。

9.4

齿轮精度检测

9.4.1　单个齿轮的精度检测

单个齿轮精度的检测需按确定的齿轮检验项目来进行，由于一些检验项目需用专用的检验仪器和设备，对此这里不予介绍，仅介绍在生产现场常用的检测项目：齿厚偏差和公法线长度偏差。

 GB/Z 18620.2—2008 只对齿厚偏差和公法线长度偏差做了说明，但未给出权限偏差值，故其数值仍参照 GB/T 10095.1—2008 进行计算。

1. 齿厚偏差的检测

按照定义，齿厚 s 以分度圆弧长计算，但弧长不便于测量，而测量分度圆弦齿厚就很方便，故在生产中常以测量弦齿厚 $\bar{s}$ 来代替测量齿厚 s，如图 9-4 所示。

测量齿厚时，必须先确定分度圆上弦齿高 $\bar{h}_a$。分度圆上弦齿高可由表 9-4 来确定。

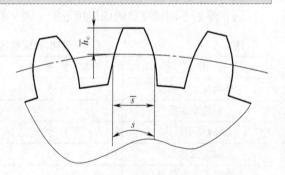

图 9-4　直尺圆柱齿轮的齿厚

表 9-4　　　　　　　$m=1mm$ 时的分度圆弦齿厚 $\bar{s}$ 与弦齿高 $\bar{h}_a$

齿　　数	齿厚 $\bar{s}$	齿高 $\bar{h}_c$	齿　　数	齿厚 $\bar{s}$	齿高 $\bar{h}_c$
20	1.569 2	1.030 8	43		1.014 3
21	1.569 3	1.029 4	44		1.014 0
22	1.569 5	1.028 0	45	1.5705	1.013 7
23	1.569 6	1.026 8	46		1.013 4
24	1.569 7	1.025 7	47		1.013 1

续表

齿 数	齿厚 $\bar{s}$	齿高 $\bar{h}_c$	齿 数	齿厚 $\bar{s}$	齿高 $\bar{h}_c$
30	1.570 1	1.020 6	48	1.570 5	1.012 8
31		1.019 9	49		1.012 6
32	1.570 2	1.019 3	50		1.012 3
33		1.018 7	51		1.012 1
34		1.018 1	52		1.011 9
35	1.570 3	1.017 6	53		1.011 6
36		1.017 1	54		1.011 4
37		1.016 7	55		1.011 2
38		1.016 2	56	1.570 6	1.011 0
39	1.570 4	1.015 8	57		1.010 8
40		1.015 4	58		1.010 6
41		1.015 0	59		1.010 5
42		1.014 7	60		1.010 3

由表 9-4 可查出 $m=1mm$ 时的分度圆弦齿厚与弦齿高，通过公式可计算出任意模数齿轮的分度圆弦齿厚与弦齿高。

由齿轮的模数和精度等级确定齿轮的齿厚偏差。

测量时如图 9-5 所示，用齿厚游标卡尺中竖直游标卡尺定好弦齿高 h，然后将齿厚游标卡尺置于被测齿轮上，使其竖直游标卡尺的高度尺与齿顶相接触。移动水平游标卡尺的卡脚，使卡脚与齿廓接触。从水平游标卡尺上读出弦齿厚的实际值。逐个齿测量，取其中最大值作为弦齿厚的实际值，与事先确定的齿轮齿厚偏差 $\pm f$ 进行比较。若实测值在齿厚偏差 $\pm f$ 范围内即判为合格；否则为不合格。

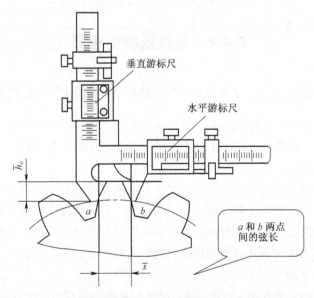

图 9-5　用齿厚游标卡尺测量齿轮分度圆弦齿厚

2. 齿轮公法线检测

从齿轮零件图中，可得齿轮公法线平均长度极限偏差 ΔE_{wm} 和跨测齿数 k，也可从表 9-5 中查出齿轮公法线平均长度极限偏差 ΔE_{wm}。

表 9-5　　　　　　　　　　　齿轮公法线平均长度极限偏差 ΔE_{wm}

分度圆直径		精度等级				
大于	到	5	6	7	8	9
—	125	12	20	28	40	50
123	400	16	25	36	50	71
400	800	20	32	45	63	90

用公法线千分尺跨 k 个齿测量公法线长度如图 9-6 所示，测量出整个齿轮中公法线长度的最大值与最小值，求出最大值与最小值之差。将差值与齿轮零件图中要求的 ΔE_{wm} 值进行比较，若差值小于 ΔE_{wm} 值即为合格；否则为不合格。

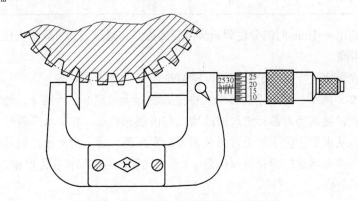

图 9-6　用公法线千分尺测量公法线长度

9.4.2　齿轮副精度检测

1. 齿轮副的切向综合误差 $\Delta F'_{ic}$ 与齿轮副的一齿切向综合误差 $\Delta f'_{ic}$

齿轮副的切向综合误差 $\Delta F'_{ic}$ 是指装配好的齿轮副，在啮合转动足够多的转数内，一个齿轮相对另一个齿轮的实际转角与公称转角之差的最大幅度值；以分度圆弧长计值。

齿轮副的切向综合误差 $\Delta F'_{ic}$，可通过单啮仪测量。

如图 9-7 所示为用光栅式单啮仪。标准蜗杆与被测齿轮啮合，两者各带一个光栅盘和信号发生器，两者的角位移信号经分频器后变为同频信号。当被测齿轮有误差时，将引起其回转角有误差，此回转角的微小误差将变为两路信号的相位移，经过比相器、记录器，记录出的误差曲线如图 9-8 所示。图中的最高点与最低点之间的距离即为 $\Delta F'_{ic}$，而单个小波纹的最大幅度值则为一齿切向综合误差 $\Delta f'_{ic}$。

检测齿轮副的切向综合误差 $\Delta F'_{ic}$ 时，将标准蜗杆更换为组成齿轮副的齿轮，测出波纹曲线。在具有周期性的波纹曲线段上，单个小波纹的最大幅度值则为一齿切向综合误差 $\Delta f'_{ic}$。

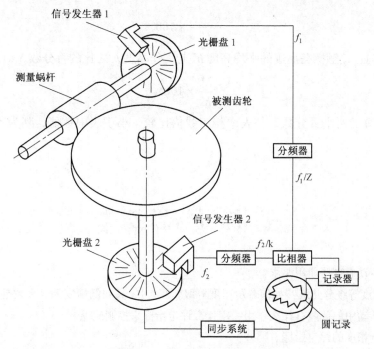

图 9-7　光栅式单啮仪工作原理

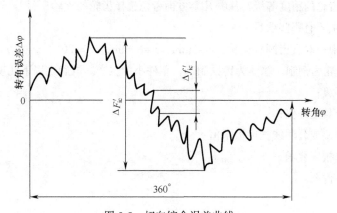

图 9-8　切向综合误差曲线

将检测出齿轮副的切向综合误差 $\Delta F'_{ic}$ 与齿轮副的一齿切向综合误差 $\Delta f'_{ic}$ 分别与其相应的公差值对比，超出公差，可判为不合格；否则为合格。

2.　齿轮副的接触斑点

齿轮副的接触斑点是指装配好的齿轮副在轻微制动下运转后齿面上分布的接触擦亮痕迹，如图 9-9 所示。其评定方法是以接触擦亮痕迹占齿面展开图上的百分比来计算的。

沿齿长方向：接触擦亮痕迹长度 b'' 扣除超过模数值的断开部分长度 c 后，与工作长度之比的百分数，即

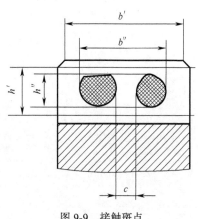

图 9-9　接触斑点

$$\frac{b''-c}{b'} \times 100\% \tag{9-1}$$

沿齿高方向：接触擦亮痕迹的平均高度 h'' 与工作高度 h' 之比的百分数，即

$$\frac{h''}{h'} \times 100\% \tag{9-2}$$

将上述计算的两个百分数，与表中相应数值比较，小于表中数值，判为不合格；否则为合格。

练习与思考

（1）齿轮传动有哪些使用要求？

（2）齿轮精度等级分几级？如何表示精度等级？粗、中、高和低精度等级大致是从几级到几级？

（3）齿轮传动中的侧隙有什么作用？用什么评定指标来控制侧隙？

（4）齿轮副精度的评定指标有哪些？

（5）如何计算齿厚上极限偏差和齿厚下极限偏差？

（6）如何选择齿轮的精度等级？从哪几个方面考虑选择齿轮的检验项目？

（7）齿坯精度主要有哪些项目？

（8）某减速器中一对直齿圆柱齿轮，m=5mm，z_1=60mm，$\alpha = 20°$，x=0，n_1=960r/min，两轴承距离 L=100mm，齿轮为钢制，箱体为铸铁制造，单件小批生产。试确定以下几项：

① 齿轮精度等级；

② 检验项目及其允许值；

③ 齿厚上下偏差或公法线长度极限值；

④ 齿轮箱零件精度要求；

⑤ 画出齿轮零件图。